应用型人才培养规划精品示范教材
新时代互联网+新形态教材



# 茶艺实训手册

CHA YI SHI XUN SHOU CE

主　编 ◎ 李　洁　许冬晶
副主编 ◎ 王宁远　顾庆华　付圆圆

華中科技大學出版社
http://press.hust.edu.cn
中国 · 武汉

**图书在版编目(CIP)数据**

茶艺实训手册/李洁，许冬晶主编. —武汉：华中科技大学出版社，2023. 12
ISBN 978-7-5680-9659-1

Ⅰ. ①茶…　Ⅱ. ①李…　②许…　Ⅲ. ①茶艺-手册　Ⅳ. ①TS971. 21-62

中国国家版本馆 CIP 数据核字(2023)第 241351 号

**茶艺实训手册**　　　　李　洁　许冬晶　主编
Chayi Shixun Shouce

策划编辑：汪　粲
责任编辑：梁睿哲
封面设计：廖亚萍
责任校对：李　琴
责任监印：周治超
出版发行：华中科技大学出版社(中国 · 武汉)　　电话：(027)81321913
武汉市东湖新技术开发区华工科技园　　邮编：430223
录　　排：华中科技大学惠友文印中心
印　　刷：武汉科源印刷设计有限公司
开　　本：787mm×1092mm　1/16
印　　张：12
字　　数：182 千字
版　　次：2023 年 12 月第 1 版第 1 次印刷
定　　价：49. 80 元

本书若有印装质量问题，请向出版社营销中心调换
全国免费服务热线：400-6679-118　竭诚为您服务

# 目　录

# 项目一

# 茶艺服务基本操作

茶叶的原产地在中国，中国的茶叶产量堪称世界之最。在中国，饮茶既是一种生活习惯，也是一种渊源流长的文化传统。中华民族习惯以茶待客，并形成了相应的饮茶礼仪。

战国荀子在《荀子·修身》中记载：容貌、态度、进退、趋行，由礼则雅，不由礼则夷固僻违、庸众而野。故人无礼则不生，事无礼则不成，国家无礼则不宁。此句强调了遵从礼法的必要性。中国传统文化的核心就是"礼"，在习茶中，我们理当弘扬礼文化中蕴含的精华。礼是修己、待人、接物的根本原则，遵守礼仪可以促进人与人、人与社会和谐和发展。

## 任务一　基本礼仪

中国为礼仪之邦。礼仪是一种待人接物的行为规范，在茶事活动中，应注意礼仪，不主张繁文缛节，但和谐流畅的礼仪动作应始终贯穿其中。作为习茶者或茶事服务者，应采用含蓄、谦逊、诚挚、温文尔雅的礼仪动作。

## 任务描述

本次学习任务将学习茶艺的基本礼仪和其他礼仪。通过了解、模拟不同的茶艺服务场景，练习和掌握茶事活动中的各种礼仪，领会茶艺师礼仪的内涵和职业形象包含的内容，并熟练运用到工作生活中去。

## 任务目标

**知识目标：**了解茶艺服务的基本礼仪规范；熟悉掌握基础的茶艺礼仪动作；掌握茶艺师站姿、行姿和坐姿的礼仪规范。

**能力目标：**通过自我训练，具备在不同场景下知礼懂礼能力，增加人际交往的能力。

**素质目标：**提升内在修养和素质，培养良好职业气质和形象，传承礼仪、增进礼仪交往。

## 任务准备

发型、服饰端庄得体，仪态大方，表情自然，有一定的基本礼仪知识。

## 任务实施

当今时代，茶已经走向世界，成为世界健康之饮，它承载着中国优秀的传统文化，是国际交往中的桥梁和纽带，展现着中国礼仪之邦的风范。作为习茶者理应知书达礼，内外兼修，展示良好形象。

### 一、基本礼仪与标准

在待人接物过程中，得体的着装、整齐的发型、干净的面部、优雅的举止以及正确的姿态都体现了一定的修养和精神面貌，这对于营造和谐的人际关系、塑造文明的社会风气、推进社会主义精神文明建设，具有重要的意义。

**1. 得体的着装**

在习茶及茶艺服务过程中，日常服装的颜色和式样应大方、得体，符合审美要求。在茶艺表演时，服装样式、款式可多种多样，但应与表演所表达的主题相符合。例如，唐代宫廷茶礼表演，表演者的服饰应当是唐代宫廷服饰；白族三道茶表演以着白族的民族特色服装为佳；禅茶表演则以穿禅衣为宜。

**2. 整齐的发型**

茶艺师的头发应干净，发型应该与头型、脸型、身材相符合，可根据年龄、季节、服饰、场合选择相应的发型。通常，女士梳理清秀典雅的发型，更体现出优雅、持重的感觉；发型应保持适当的长度，如果出席重要的茶事活动或者接待场合，则应将长发梳成发髻，盘在头上，避免头发散落挡住视线。男士头发不宜过长，前不遮眉、侧不盖耳，鬓角的头发不留过厚过长，后部的头发不超过领子的上部，整体给人以得体、成熟、稳重的感觉。

**3. 干净的面部**

在茶艺服务和茶事活动中，泡茶者可化淡妆，但不能浓妆艳抹。指甲需剪平整，切忌涂指甲油。妆容清淡自然、健康整洁，切忌涂抹浓重的唇膏、眼影、假睫毛、浓黑眼线等，这些装扮有悖于茶文化和、精、雅的韵味，给人造成缺少文化修养的不良印象。另外，面部表情要始终保持平和，以微笑待人。

**4. 优雅的举止**

举止是一种不说话的语言，体现在茶艺师的一举手一投足、一颦一笑中。在泡茶过程中，每一个动作都应圆活、柔和、连贯，而动作之间又要有起伏、虚实、节奏，才能给人一种赏心悦目的美感。

**5. 恰当的语言**

茶艺师在与宾客交往时要谈吐文雅、语调轻柔、使用规范的语言，使人感觉亲切。与宾客交流时要注意技巧，与宾客对话时要用友好的目光注视对方，表现出自己思想集中、表情专注，要认真听取宾客的陈述，随时察觉对方对服务的要求，以表示对宾客的尊重。在茶事活动中要使用敬语，注意用“您”而不用“你”或“喂”，主动向宾客打招呼说“您好”。

**6. 正确的姿态**

在茶事活动中，泡茶者的站姿、坐姿和走姿十分重要。以下是不同场景下礼仪姿态的服务标准。

| 工作步骤 | 服务场景 | 服务标准 |
| --- | --- | --- |
| 操作一：站姿 | 迎宾接待或单人负责一个品种茶叶冲泡<br> | (1)女士双脚呈“V”字或者“丁”字形，身体挺直站立；<br>(2)头正肩平，下颌微收，双眼平视，双肩放松；<br>(3)男士双脚微呈“八”字分开，左手在上，双手虎口交叉握于腹前；<br>(4)女士右手在上，双手虎口交握置于腹前 |
| 操作二：坐姿 | 为客人介绍茶叶或冲泡茶叶<br> | (1)端坐椅子 1/3 处或中央，双腿并拢，重心居中，上身挺直，双肩打开并呈放松状态；<br>(2)头正肩平，下颌微收，眼可平视或略微垂视，面带微笑，调匀呼吸，表情自然；<br>(3)女士右手在上，双手虎口交握，置于腿面或者面前桌沿，男士端坐椅子中央，双腿分开，与肩同宽；<br>(4)双手分开如肩宽，半握拳轻搭前方桌沿；<br>(5)全身放松，思想集中，姿态自然、美观，面部表情轻松愉快 |

续表

| 工作步骤 | 服务场景 | 服务标准 |
| --- | --- | --- |
| 操作三:行姿 | 引领客人及奉茶 | (1)以站姿为基础,行走时移动双腿,切忌上身扭动摇摆,尽量循一条直线行走;<br>(2)行走时,双臂自然前后摆动,目视前方,表情自然;<br>(3)到达客人面前为侧身时需停步,转成正向面对;<br>(4)离开客人面前,应先退后一步再侧身转弯行走 |

## 任务考核

☑基础知识考核

1. 站姿是由单人负责一个品种茶叶冲泡时可使用的姿势,通常女士双脚呈________字或字形,________手在上,身体挺直站立。

2. 男士站姿,双脚微呈________字分开,________手在上,双手虎口交握于腹前。

3. 跪坐姿势一般分成________和________。

☑操作技能考核

请同学们按照以下技能考核标准,两人一组进行茶艺站姿、行姿、坐姿练习,互相纠正练习一下吧!

| 考核项目 | 考核内容 | 考核标准(10分) |
| --- | --- | --- |
| 茶艺基本礼仪姿势 | 准确掌握茶艺礼仪中的站姿、行姿、坐姿。要求基本姿势规范、熟练、大方 | (1)发型、服饰尚端庄自然,扣1分;<br>(2)发型、服饰欠端庄自然,扣1分;<br>(3)表情木讷、眼神无恰当交流,扣1分;<br>(4)神情恍惚、表情紧张不自如,扣1分;<br>(5)妆容不当,扣1分;<br>(6)坐姿、行姿、站姿尚端正,扣1分;<br>(7)坐姿、行姿、站姿欠端正,扣1分;<br>(8)手势有明显多余动作,扣1分;<br>(9)手势有错误动作,扣1分;<br>(10)其他不当情形,扣1分 |

# 任务二　其他礼仪动作

中国自古以来就有客来敬茶、以茶待客、以茶为敬的传统礼俗。茶文化是中华民族优秀文化的结晶,充分吸收了传统文化中以“礼之用,和为贵”为核心的礼仪文明与行为规范,而这种礼仪规范又集中体现在茶艺活动中。作为习茶者,要对自己有更高的要求,熟悉和掌握泡茶技能和茶礼,保持行为举止得体,做到神、情、技动人。

## 任务描述

本次学习任务将通过了解、模拟不同的茶艺服务场景,练习和掌握茶事活动中的其他各种礼仪,提高人际交往和沟通的能力,并熟练运用到工作生活中去。

## 任务目标

**知识目标：**了解茶艺服务的其他基本礼仪规范；掌握茶艺师事茶服务过程中的鞠躬礼、伸掌礼、注目礼、点头礼、叩手礼、寓意礼等礼仪标准。

**能力目标：**通过训练，具备在不同场景下知礼懂礼能力，增强人际交往的能力。

**素质目标：**提升内在修养和素质，传承礼仪，增进礼仪交往。

## 任务准备

发型、服饰端庄得体，仪态大方，表情自然，有一定的基本礼仪知识。

## 任务实施

在茶事活动中，茶艺师为宾客提供良好的服务时，接待的礼仪与技巧显得尤为重要，以下是每一名茶艺师在接待宾客时都需要注意和掌握的。具体来讲，有鞠躬礼、伸掌礼、注目礼、点头礼、叩手礼和寓意礼。

### 一、鞠躬礼

鞠躬是中国的传统礼仪，即弯腰行礼，一般用在茶艺人员迎宾，茶艺表演始终及送客时茶艺接待、茶艺表演或茶艺结束时。

鞠躬礼分为站式、坐式和跪式三种。

行礼时，以站式行礼为例，男性手指伸直，女性微弯；坐式和跪式行礼，应将双手放在双膝前面，指尖不要朝正前方。

鞠躬礼按照角度大小，分为真礼、行礼和草礼。

| | 操作标准 |
|---|---|
| 真礼 | 用于主客之间，尤其遇到尊贵的客人或者长辈时使用。要求双手放置大腿前侧，平贴大腿徐徐下滑，弯腰鞠躬呈 90°角 |

续表

| | 操作标准 |
|---|---|
| 行礼 | 上半身平直弯腰，鞠躬到 45°角 |
| 草礼 | 用于奉茶和说话之间。双手成空心状、置于腹部，身体微倾，鞠躬到约 15°角 |

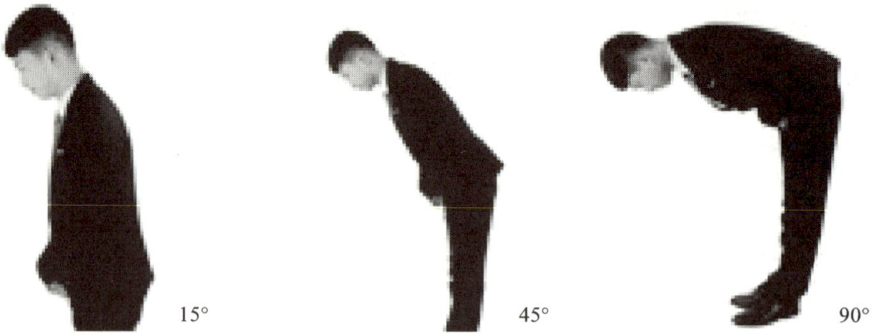


## 二、伸掌礼

伸掌礼是茶事活动中最常用的特殊礼节，也是用的最多的示意礼，常用于茶艺接待或茶艺表演、介绍茶具、茶叶质量、赏茶、请喝茶和请客人传递茶杯或其他物品时。

当行伸掌礼时，手腕含蓄用力，手指自然并拢，手心贴胸前，左手或右手从胸前自然向左或向右前伸，手心向上，同时讲“请”“谢谢”“请观赏”或“请喝茶”。在行伸掌礼的同时要点头微笑，表情、动作和语言配合，讲究一气呵成。

## 三、注目礼和点头礼

注目礼是用眼睛庄重而专注地看着对方，并配合自然的面部表情。点头礼是常见的见面礼仪，表示点头致意，使用简单、随意、方便。点头礼幅度不宜过大，这两个礼节一般在向客人敬茶或奉上某物品进一并使用。

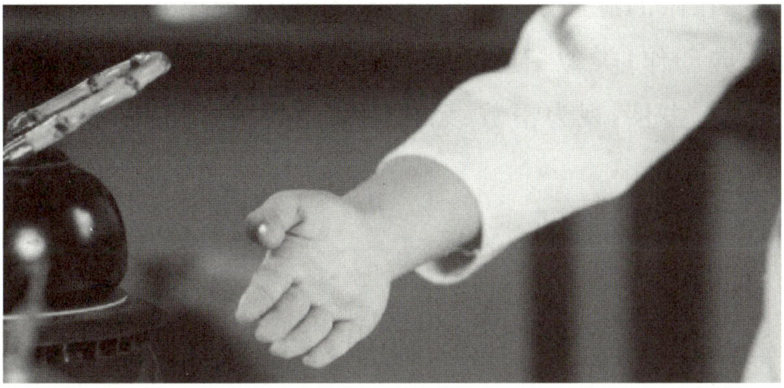

## 四、叩手礼

叩手礼一般在斟茶时，用手指轻轻叩击茶桌来表示行礼而使用的礼节。当上级或长辈给晚辈倒茶时，下级或晚辈应五指并拢成拳，拳心向下，五个手指同时轻叩桌子二三下；当晚辈或下级为长辈或上级斟茶时，长辈或上级只需单指叩击桌面二三下表示谢谢。平辈和朋友之间只需食指和中指并拢，轻扣桌子即可。

## 五、寓意礼

凤凰三点头：右手提壶靠近茶杯或茶壶口注水，提腕使壶提升，让水流直泻而下，上下提拉注水，反复三次，让茶叶在水中翻动。寓意向来宾三鞠躬行礼，以示敬意，同时也表达了对茶的敬意。

双手内旋：在做回旋注水、斟茶、温杯、烫壶等动作，右手必须按逆时针、左手按顺时针方向动作，类似招呼手势，寓意“来、来、来”表示欢迎；反之则暗示赶客人“去！去！去！”，视为不敬、无礼。

## 任务考核

### ☑基础知识考核

1. 在介绍茶具、茶叶质量、赏茶、请喝茶时和请客人传递茶杯或其他物品时使用________礼。

2. 在茶艺人员迎宾，茶艺表演始终及送客时茶艺接待、茶艺表演或茶艺结束时，应当使用________礼。

3. 在注水、斟茶、温杯、烫壶时，右手提壶必须按________方向动作进行，类似招呼手势，寓意“来、来、来”表示欢迎；反之则视为不敬、无礼。

4. 茶道表演开始和结束，主客均要行________礼。

5. 根据鞠躬的弯腰程度可分为________、________、________三种。

6. 真礼用于________之间，行礼用于________之间，草礼用于________。

7. 主人向客人敬奉各种物品时都用________礼，表示的意思为“请”和“谢谢”。

8. 寓意礼之“凤凰三点头”，寓意是________。

### ☑操作技能考核

请按照鞠躬礼、伸掌礼、注目礼、点头礼、叩手礼和寓意礼的操作要点，两人一组进行茶艺场景模拟练习。

| 考核项目 | 考核内容 | 考核标准(10 分) |
| --- | --- | --- |
| 茶艺其他礼仪姿势 | 准确掌握茶艺礼仪中的鞠躬礼、伸掌礼、注目礼、点头礼、叩手礼和寓意礼，按要求进行演示 | (1)发型、服饰尚端庄自然，扣 1 分；<br>(2)发型、服饰欠端庄自然，扣 1 分；<br>(3)表情木讷、眼神无恰当交流，扣 1 分；<br>(4)神情恍惚、表情紧张不自如，扣 1 分；<br>(5)妆容不当，扣 1 分；<br>(6)鞠躬礼、伸掌礼、注目礼、点头礼、叩手礼和寓意礼尚端正，扣 1 分；<br>(7)鞠躬礼、伸掌礼、注目礼、点头礼、叩手礼和寓意礼欠端正，扣 1 分；<br>(8)手势有明显多余动作，扣 1 分；<br>(9)手势有错误动作，扣 1 分；<br>(10)其他不当情形，扣 1 分 |

# 任务三　提壶、握杯、温壶(盖碗)、洗杯

茶壶是在冲泡茶叶过程中最常用的泡茶器具。茶杯在品茶时使用，作为盛茶汤的器具，样式和材质多样，大小不一。在茶事服务活动中，对茶壶、茶杯、盖碗的认识和使用是学习茶艺的人员必备的常识。

## 任务描述

本次学习任务将知晓各式茶壶提拿，认识各式茶杯、盖碗的构造和基本知识，了解温壶、洗杯的基本操作手法，通过反复练习提高茶艺技能，并熟练运用

到工作生活中去。

## 任务目标

**知识目标：**了解各式茶壶提拿，准确掌握提拿时的基本手法；熟练掌握玻璃杯、公道杯、品茗杯的基本操作规范；熟练掌握温紫砂壶和盖碗、洗杯的操作规范。

**能力目标：**通过实物展示和茶具使用实践，具备正确掌握茶器具操作的能力。

**素质目标：**感受中国茶器具的艺术之美和文化之美；欣赏泡茶技艺之美，提高审美情趣；感悟茶具（盖碗）涵盖的天地人和的中国传统哲学思想，感受人与自然、人与环境、和谐与共的茶道意境。

## 任务准备

发型、服饰端庄得体，仪态大方，表情自然，有一定的基本礼仪知识；准备实训前所需茶壶、茶杯等茶器具。

## 任务实施

在茶艺服务或者茶事活动中，茶艺师为宾客提供泡茶服务时，需要注意和掌握茶器具操作要领。

### 一、茶壶提拿

壶由壶盖、壶身、壶底和圈足四部分组成。根据壶把的位置，茶壶可分为五个类型，分别是侧提壶、横把壶、提梁壶、飞天壶以及无把壶。由于壶的把、盖、底、形等部分的不同，壶的基本形态有近200种。

在日常冲泡茶叶时或茶艺表演时，茶艺师会根据茶叶的种类选择合适的茶壶。下面将介绍茶壶提拿方法及标准。

| | |
|---|---|
| 侧提壶 | 提大型侧提壶需要双手，提中型侧提壶可双手搭配或单手操作，提小型侧提壶可单手操作，但应注意食指压住壶盖盖钮 |
| 飞天壶 | 提飞天壶，右手大拇指按住盖钮，其余四指勾握住壶把 |
| 横把壶 | 提横把壶，右手大拇指按住盖钮或盖一侧，其余四指握壶把 |
| 提梁壶 | 提小型提梁壶，用右手除中指外握住提梁 1/3 处，中指抵住壶盖；提中型提梁壶，用五指平握或者托提 |
| 无把壶 | 提无把壶，右手虎口分开，平握茶壶口两侧外壁，食指抵住盖钮 |

西施壶

侧把壶

飞天壶

柱础壶

## 二、持杯

茶杯作为盛茶用具，有大小之分。小茶杯主要用于品饮茶汤，也叫品茗杯。大茶杯可直接作泡茶和盛茶用具，主要用于高级细嫩名茶品饮。茶杯多由瓷器或紫砂陶制作，也有用玻璃制作的。持杯操作应符合标准。

| | |
|---|---|
| 大茶杯 | 一般使用右手持杯，虎口分开，握住茶杯底部。女士可用左手指尖轻托杯底 |
| 闻香杯 | 右手持杯，虎口分开，手成空心拳状，将闻香杯直握于拳心；也可双手掌心相对，将闻香杯捧在两手间，做合十状进行闻香 |

续表

| | |
|---|---|
| 品茗杯 | 右手持杯，虎口分开，大拇指、中指握杯两侧，无名指抵住杯底，食指和小指自然弯曲，饮茶时虎口朝向自己，其中三根手指被喻为“三龙”，茶杯如鼎，所以这个姿势称为“三龙护鼎”。女士这样持杯，既稳当又显雅观；男士可四指并拢持杯，显得稳重大方 |
| 公道杯 | 右手虎口分开，对于无把公道杯，可用大拇指和其他四指平稳握杯身中间两侧；对于有把公道杯，可用右手食指、中指勾住杯把，其余手指自然弯曲 |

## 三、温壶、洗杯

在冲泡茶叶之前，把泡茶时所需用的所有茶具温烫一遍，是日常泡茶和茶艺表演不可少的步骤。温壶、洗杯的作用有二点，一是达到清洁茶具的目的；二是通过温壶、洗杯的步骤，使茶具升温，壶身温热才可将茶叶色、香、味的本质表现出来。温壶后的水倒在茶船中，也可预先温洗茶杯，然后将水倒掉。

### ☆ 温壶

(1)开盖。用大拇指、食指和中指按在壶盖的盖钮上，揭开壶盖，提腕以半圆形轨迹将其放在盖置上(或茶盘中)。

(2)注汤。右手提开水壶(如随手泡)，按照逆时针方向回转手腕一圈，低斟，使水流沿着圆形的茶壶口冲入；再提腕，使开水壶中的水高冲入茶壶。当注水量达到壶内总容量的 1/2 时，复压腕低斟，使开水壶及时断水，再轻轻地放回原处。

(3)加盖。加盖顺序和前面的开盖顺序颠倒过来即可。

(4)温壶。双手取来茶巾，横覆在左手手指部位，右手三指握茶壶把，手握茶壶放在左手的茶巾上，双手按逆时针方向像滚球一样转动手腕，使茶壶壶身各部分充分接触开水，均匀受热。

(5)倒水。用正确的提壶手法把壶内的水倒入水盂。

### ☆ 洗杯

(1)洗玻璃杯。单手或者双手提壶,逆时针回旋冲水入杯,至杯中三分之一水量。右手握住玻璃杯侧,左手平托杯底,先向内方向转动,再依次向右方向逆时针方向旋转一周之后,双手反向搓动玻璃杯,将杯中之水倒入水盂或茶盘中。双手将杯端起,在茶巾上擦拭杯底水迹后,放回茶盘上。

(2)洗品茗杯。将茶盘上的品茗杯一字排开或者按其他形状摆放,冲水入内,用右手拿起茶夹,一种方法是夹住茶杯杯沿一侧,转动手腕逆时针旋转一周之后,将水倒入水盂或茶船中;另一种方法是夹住茶杯杯沿一侧,侧转放入第二个品茗杯中滚烫一圈,沥尽水后放回原处,再取第二个品茗杯依次照做,直至最后一杯转动手腕逆时针旋转一周之后,将水倒入水盂或茶盘中。

(3)温公道杯和滤网。将滤网先置于公道杯上,注入开水,其余动作同温壶法。

## 四、温盖碗

盖碗是一种上有盖、下有托、中有碗的汉族茶具,又称“三才碗”“三才杯”,盖为天、托为地、碗为人,暗含天地人和之意。盖碗既可用来冲泡茶叶,也可直接用来饮茶,盖碗茶具,有碗,有盖,有船,造型独特,制作精巧。茶碗上大下小,盖可入碗内,茶船作底承托。喝茶时,盖不易滑落,有茶船为托又免烫手之苦,只需端着茶船就可稳定重心,不必揭盖,只需半张半合,茶叶既不入口,茶汤又可徐徐沁出,甚是惬意,避免了壶堵杯吐之烦。盖碗茶,须用滚烫的开水冲一下碗,然后放入茶叶盛水加盖,泡茶的时间依据茶叶种类和投茶数量而定,为 20 秒至 3 分钟。

### ☆ 温盖碗法一

(1)用右手大拇指、食指与中指按在盖钮上。

(2)按照逆时针方向绕半圆形轨迹掀盖置于右侧茶托上。

(3)单手或双手提壶逆时针旋转注入热水。

(4)用右手拿起碗盖,按半圆形轨迹盖在碗上,留出一条缝隙;左手托底,双手配合,转动盖碗一周,平移于水盂上方;向左侧翻手腕,使盖碗中水流顺缝隙流入水盂。

### ☆ 温盖碗法二

温盖碗的方法还可分斟水、翻盖、烫碗、倒水等几个步骤。

(1)斟水。将盖碗的碗盖反放,使其与碗的内壁留有一个小缝隙。手提开水壶或随手泡,按逆时针方向向盖内注入开水,等开水顺小隙流人碗内约1/3容量后,右手提起手腕断水,将开水壶放回原处。

(2)翻盖。右手如握笔状取茶针伸入缝隙中,左手手背向外护在盖碗外侧,掌沿轻靠碗沿。右手用茶针由内向外拨动碗盖,左手大拇指、食指与中指迅速将翻起的碗盖盖在碗上。这一动作讲究左右手协调,搭配得越熟练越好。

(3)烫碗。右手虎口分开,用大拇指与中指搭在碗身的中间部位,食指抵在碗盖盖钮下的凹处,同时左手托住碗底,端起盖碗,右手手腕呈逆时针运动,双手协调令盖碗内各部位充分接触到热水,最后将其放回茶盘。

(4)倒水。右手拿盖钮置于盖碗靠右侧,斜盖左侧,留一条缝隙;端起盖碗平移于水盂上方,向左侧翻手腕,使盖碗中水流顺缝隙流入水盂。

温壶、温杯、温盖碗时,需斟入热水进行操作练习。操作手法应严格按照要求来进行。

## 五、茶叶量取与投放

认识茶具视频

### ☆ 茶道六君子

在茶道中,必不可少的就是茶道组合,茶道组合简称茶道组,也被称为"茶道六君子",分别指的是茶则、茶针、茶漏、茶夹、茶匙、茶筒这六种。"茶道六君子”的材质通常为竹木，竹制品气质清雅，木制品质感纯然，与茶香相得益彰。茶道组作为在整个茶艺表演中不可缺少的工具，既实用又富有艺术性，是品茗诗意画境的一道靓丽的风景，有点睛之美。

(1)茶筒。盛放茶艺用品的器皿，又称茶器筒。

(2)茶匙。又称“茶扒”，形状像汤匙，其主要用途是挖取泡过的茶。壶内茶叶经过冲泡后，往往会紧紧塞满茶壶，加上一般茶壶的口都不大，用手挖出茶叶既不方便也不卫生，故皆使用茶匙。

(3)茶漏。茶漏于置茶时放在壶口上，以导茶入壶，防止茶叶掉落壶外。

(4)茶则。则者，准则也，茶则为盛茶入壶之用具，用于量取茶叶，确保投茶量准确，多为竹木制品。

(5)茶夹。又称茶筷，茶夹功用与茶则相同，可将茶渣从壶中挟出；也常有人拿它来挟着茶杯洗杯，防烫又卫生。

(6)茶针(茶通)。茶针的功能是疏通茶壶的内网(蜂巢)，以保持水流畅通。当壶嘴被茶叶堵住时，用茶针来疏浚，或放入茶叶后用茶针把茶叶拨匀，碎茶在底，整茶在上。茶针有时和茶匙一体，即一端为茶针，另一端为茶匙，用竹、木制成。

## ☆ 茶荷置茶法与投茶

茶荷的功能与茶则、茶漏类似，皆为置茶的用具，但茶荷更兼具赏茶功能。茶荷的主要用途是将茶叶由茶罐移至茶壶。在置茶中，茶荷兼具以下多种功能：在承装茶叶后，供人欣赏茶叶的色泽和形状，并据此评估冲泡方法及茶叶量多寡，之后才将茶叶倒入壶中。

(1)左手斜握已开盖的茶叶罐，开口向右，并将其移至茶荷上方。

(2)右手拿取茶则，伸进茶叶罐中，将茶叶轻轻拨入茶荷内。

(3)目测估计茶叶量，选取恰当的分量，使用完茶则后，将其轻轻放回茶道组中。

(4)将茶叶罐盖子盖好。

(5)右手拿起茶荷，平端于胸前，从左侧开始向右移动展示茶样，请客人赏茶。

(6)在客人赏完茶后，持茶荷，用茶匙将茶叶缓慢拨入壶内。置完茶，若茶荷内附着有茶末，拿茶拂将之刷至排渣孔或水盂内。

取茶叶时，手不能与茶荷的缺口部位直接接触。拿茶荷姿势：用拇指和其余四指分别捏住茶荷两侧部位，将茶荷放在虎口处，另外一手托住底部，请客人赏茶。

## 任务考核

☑基础知识考核

1. 茶壶按照有无壶把可分为________、________、________、________、________。

2. 提梁壶的提拿要领是________。

3. 温壶洗杯的主要作用是________。

## ☑操作技能考核

| 考核项目 | 考核标准(10 分) |
|---|---|
| 茶壶的提拿方法 | 动作规范、熟练;发型、服饰、表情、眼神端庄自然;手势无明显多余、错误动作(2.5 分) |
| 公道杯的握法 | 动作规范、熟练;发型、服饰、表情、眼神端庄自然;手势无明显多余、错误动作(2.5 分) |
| 盖碗的握法 | 动作规范、熟练;发型、服饰、表情、眼神端庄自然;手势无明显多余、错误动作(2.5 分) |
| 茶叶的投取方法 | 动作规范、熟练;发型、服饰、表情、眼神端庄自然;手势无明显多余、错误动作(2.5 分) |

知识链接

### 如何选择一款不烫手的盖碗

1. 挑选合适的材质

材质其实和导热性具有直接关系,比如玻璃、陶土材质就比较容易传热,而瓷器导热性稍微弱一些。因此,我们在挑选盖碗的时候,尽量选择瓷质的器具。

2. 选择合适的盖碗容量

盖碗的容量由冲泡的茶叶种类决定,一般来说,红茶 5～6 g,乌龙茶、普洱茶等其他茶类 8 g 左右,选择 130～150 mL 的盖碗较适合。这样茶水比例掌握比较协调,而且手也比较容易抓住。

3. 确定盖碗的厚度

盖碗的厚与薄也是决定盖碗烫不烫手的重要因素。一般情况下,越厚的盖碗越烫手,因为,越厚则散热性越差,这样越冲泡到后面,盖碗会越烫手。因此,选择薄质地的盖碗最好。

4.看清盖碗边的宽窄

在选择盖碗的时候，盖碗边往外延伸一点最好，因为往外延伸的部分往往没有注水，这样水流不经过，在传热的同等条件下，是不会很烫手的。

5.认清盖钮的凹凸程度

为了追求美感，人们喜欢矮矮的盖子，殊不知，这样的盖子既不好拿，同时容易烫手，因此，要选择盖钮凹进去程度比较深的盖子最好。

知识链接

宋代大文豪苏东坡平生喜欢访僧问禅。有一次，他脱掉官服，换上便衣，到某座寺中去游玩拜会。这座庙的方丈看到来人貌不出众，穿戴寻常，坐在自己位子上没有动，只是懒洋洋地抬手让小和尚给他看座，算是打了个招呼："坐，茶。"苏东坡看到方丈如此慢待自己，有些不高兴，便想戏弄一下这个以衣冠取人的僧人，于是吩咐站在一边的小和尚："取善簿来。"意思是要布施一些香火钱。善簿取来以后，苏东坡当着方丈的面，提笔写道：香火钱100两。方丈在旁边伸着脖子看到，心中一喜，热情地站了起来："请坐。"又吩咐小和尚："上茶。"苏东坡一笑，又在善簿上落款：东坡居士苏轼。那方丈一看吓了一跳，他没想到眼前这个看似寻常的人居然是名动天下的大学士苏轼，急忙向他深施一礼，满脸堆笑地说："请上坐。"又急忙吩咐："快，上好茶！"

两人落座以后，方丈素闻苏东坡诗词书画冠绝天下，千金难求，于是借这个千载难逢的机会请他为庙里题字，苏东坡爽快地答应了，信笔在备好的纸上写下了一联：坐，请坐，请上坐；茶，上茶，上好茶。

## 学习讨论

在茶事活动中，除了接待礼仪，你还知道其他茶礼仪吗？在冲泡准备时，正确使用茶器重要吗？生活中有哪些不恰当的使用手法？请大家交流讨论。

## 学习总结

根据本次任务活动内容，写下你对茶文化的向往与理解。让我们一起学习成长，知书达礼，为优秀的茶文化传播作出贡献。

# 项目二

# 茶叶品质鉴别

中国茶叶历史悠久、种类繁多，有传统名茶和历史名茶之分。我国按茶叶鲜叶原料加工工艺的不同，可将茶叶分为六大类：绿茶、黄茶、白茶、乌龙茶、红茶和黑茶。茶类不同，茶叶的品质特征各异，质量好坏的标准也不一。通过了解不同的茶类和等级，带领大家先认识各类茶的品质特征，才能鉴别茶叶的好坏，为下一步冲泡茶叶和评价品尝茶汤打下良好的基础。

## 任务一　绿　　茶

绿茶是中国历史上最早出现的茶类，我国20个产茶省(区)都有绿茶生产。中国绿茶种类之多居世界之首，每年出口销售量占世界茶叶市场绿茶贸易量的70%左右。中国的传统绿茶深受国内外消费者喜爱。

### 任务描述

本次学习任务将通过了解绿茶的制作工艺、掌握绿茶品质特征，能够分析比较不同名优绿茶的品质，进行茶叶销售和产品介绍，并熟练地应用到工作生活中去。

## 任务目标

**知识目标：**了解绿茶的产区和分类；熟悉绿茶的制作工艺；掌握绿茶的品质特征。

**能力目标：**通过训练，培养观察能力，具备在不同场景下介绍茶叶或创新能力。

**素质目标：**激发对茶叶的兴趣，探索和传承灿烂的茶文化，丰富职业知识和提升职业素养。

## 任务准备

衣着端庄得体，仪态大方，表情自然，具备一定的茶礼仪知识。

## 任务实施

绿茶种类繁多，通过介绍绿茶的分类和品质特征，帮助学茶者鉴别茶叶的等级与好坏。

| 工作步骤 | 服务场景 | 标准 |
| --- | --- | --- |
| 操作一：准备茶叶 | 根据客人需要，为客人介绍绿茶 | 饮用季节宜为春夏两季，有效地缓解疲劳，起到清热解暑、生津止渴、清心除烦的作用。同时注意空腹不宜饮绿茶，喝绿茶的最佳时间是上午或饭后半小时。绿茶寒凉，肠胃不好者不饮或少饮 |
| 操作二：识别品质 | 帮助客人了解绿茶品质 | 绿茶属于不发酵茶，清汤绿叶，绿豆香或板栗香，鲜爽可口，富含叶绿素、维生素 C |

## 一、绿茶的初制工艺

绿茶属于不发酵茶，加工步骤分为鲜叶→杀青→揉捻→干燥。

| 工作步骤 | 作用与目的 |
|---|---|
| 操作一：鲜叶 | 名优绿茶一般采摘初萌的嫩芽与壮芽、初展的一芽一叶或一芽二叶为原料 |
| 操作二：杀青 | 所谓杀青就是在高温的作用下，破坏鲜叶中的酶的活性，防止鲜叶内含物质氧化变质，以保持茶叶原有的青绿色。杀青通常有蒸青和炒青两种。我国绿茶加工大多数采用炒青方法杀青 |
| 操作三：揉捻 | 揉捻是大多数茶类加工的必需工序，主要目的：卷紧条索，适当破坏叶组织，使制成的干茶既容易泡出茶汁，又有一定的耐泡程度。揉捻一般分成手工揉捻和机器揉捻两种 |
| 操作四：干燥 | 干燥是制成绿茶的最后一道工序。干燥在制茶过程中，除了去除茶叶中的水分之外，还使茶叶外形有显著改变，更有利于茶叶储存和内含品质转化 |

## 二、绿茶的分类

绿茶分为炒青绿茶、烘青绿茶、晒青绿茶、蒸青绿茶等四种。

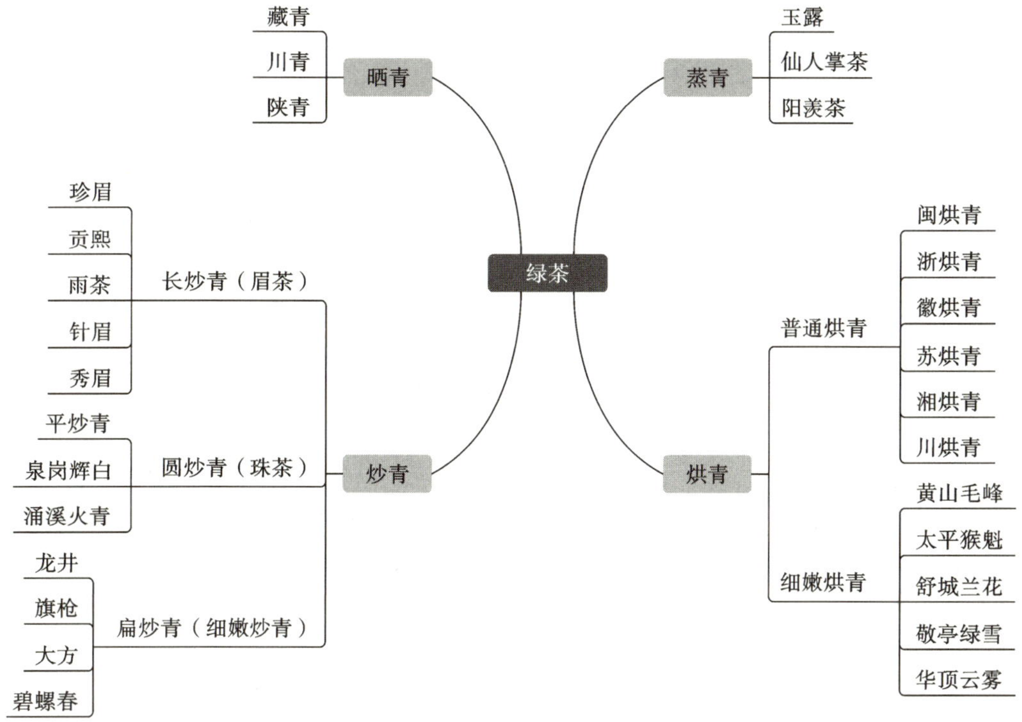


## 三、品质特征

绿茶属于不发酵茶，种类很多，品质特征差异很大，但共同的特征是“清汤绿叶”，忌“红梗红叶”。

| | |
|---|---|
| 绿茶原料 | 嫩芽嫩叶，不宜久置 |
| 绿茶颜色 | 碧绿、翠绿、黄绿，久置与空气接触易变色 |
| 绿茶香味 | 清新的绿豆香，味清淡微苦 |
| 绿茶性质 | 富含叶绿素、维生素 C。茶性较寒凉，咖啡因、茶碱含量较多，易刺激神经 |

## 四、名优绿茶品质特征

绿茶中的名优品类最多，它们不仅香味高长、品质优良，且风味独特、各有韵色。常见的绿茶有西湖龙井、碧螺春、黄山毛峰、安吉白茶、太平猴魁、恩施玉露、都匀毛尖、蒙顶甘露、南京雨花茶等，其品质特点各有不同。

### ☆ 西湖龙井

西湖龙井是中国十大名茶之一，产于浙江杭州西湖的狮峰、翁家山、虎跑、梅家坞、云栖、灵隐一带的群山之中。西湖龙井分一级产区和二级产区，一级产区包括传统的"狮(峰)、龙(井)、云(栖)、虎(跑)、梅(家坞)"五大核心产区，二级产区是除了一级产区外西湖龙井的产区。

西湖龙井茶，外形扁平挺秀，色泽绿翠，内质清香味醇，泡在杯中，芽叶色绿。素以"色绿、香郁、味甘、形美"四绝称著。

春茶中的特级西湖龙井、浙江龙井外形扁平光滑，苗锋尖削，芽长于叶，色泽嫩绿，体表无茸毛，汤色嫩绿(黄)明亮，气味清香或嫩栗香。其余各级龙井茶随着级别的下降，外形色泽由嫩绿→青绿→墨绿；茶身由小到大；茶条由光滑至粗糙；香味由嫩爽转向浓粗，四级茶开始有粗味；叶底由嫩芽转向对夹叶，色泽由嫩黄→青绿→黄褐。夏秋龙井茶，色泽暗绿或深绿，茶身较大，体表无茸毛，汤色黄亮，气味清香但较粗糙，滋味浓略涩，叶底黄亮，总体品质比同级春茶差。

西湖龙井茶与西湖一样，是人、自然、文化三者的完美结晶，是西湖地域文化的重要载体。

### ☆ 黄山毛峰

黄山毛峰是中国十大名茶之一，产于安徽省黄山(徽州)一带，所以又称徽茶。黄山毛峰由清代光绪年间谢裕大茶庄所创制。

每年清明至谷雨期间，选摘良种茶树“黄山种”“黄山大叶种”等的初展肥壮嫩芽，手工炒制。该茶外形微卷，状似雀舌，绿中泛黄，银毫显露，且带有金黄色鱼叶（俗称黄金片）。入杯冲泡，雾气结顶，汤色清碧微黄，叶底黄绿有活力，滋味醇甘，香气如兰，韵味深长。由于新制茶叶白毫披身、芽尖峰芒，且鲜叶采自黄山高峰，遂将该茶取名为黄山毛峰。

☆ 碧螺春

碧螺春是中国的十大名茶之一，主产于江苏省苏州市吴县太湖的洞庭山，所以又称“洞庭碧螺春”。洞庭碧螺春产区是我国著名的茶、果间作区。茶树和桃、李、杏、梅、柿、桔、白果、石榴等果木交错种植，令碧螺春茶独具天然茶香果味，品质优异。其成品茶外形紧密，条索纤细，嫩绿隐翠，清香幽雅，鲜爽生津，汤色碧绿清澈，叶底柔匀，饮后回甘。

☆ 安吉白茶

安吉白茶产自浙江省湖州市安吉县，是国家地理标志产品。安吉白茶树为茶树的变种，春季生长的嫩叶纯白，在“春老”时变为白绿相间的花叶，至夏才呈全绿色。安吉白茶外形形似凤羽，色泽翠绿间黄，光亮油润，香气清鲜持久，滋味鲜醇，汤色清澈明亮，叶底芽叶细嫩成朵，叶白脉翠。安吉白茶富含人体所需 18 种氨基酸，其氨基酸含量在 5％～10.6％，高于普通绿茶 3～4 倍，多酚类少于其他的绿茶，所以安吉白茶滋味特别鲜爽，没有苦涩味。

☆ 蒙顶甘露

“扬子江中水，蒙山顶上茶”。蒙山茶主要产于四川省雅安的蒙山山顶，故被称作“蒙顶茶”。蒙顶甘露是中国最古老的名茶，被尊为茶中故旧、名茶先驱。蒙顶甘露为中国十大名茶、中国顶级名优绿茶、卷曲型绿茶的代表。甘露茶采摘细嫩，制工精湛，外形美观，内质优异。紧卷多毫，浅绿油润，叶嫩芽壮，芽叶纯整，汤黄微碧，清澈明亮，香馨高爽，味醇甘鲜。

### ☆ 都匀毛尖

都匀毛尖是中国十大名茶之一，产于贵州都匀市，也是贵州三大名茶之一。外形条索紧结、纤细卷曲、披毫，色绿翠。香清高，味鲜浓，叶底嫩绿匀整明亮。味道好，还具有生津解渴、清心明目、提神醒脑、去腻消食、抑制动脉粥样硬化、降脂减肥、防癌和防治坏血病等多种功效与作用。

### ☆ 恩施玉露

恩施玉露，产自湖北省恩施市，属中国国家地理标志产品。恩施玉露茶是中国传统蒸青绿茶，选用叶色浓绿的一芽一叶或一芽二叶鲜叶经蒸汽杀青制作而成。

恩施玉露外形条索紧圆光滑、纤细挺直如针，色泽苍翠绿润。经沸水冲泡，芽叶复展如生，初时婷婷地悬浮杯中，继而沉降杯底，平伏完整；汤色嫩绿明亮，如玉露；香气清爽，滋味醇和。观其外形，赏心悦目；饮其茶汤，沁人心脾。日本自唐代从中国传入茶种及制茶方法后，至今仍主要采用蒸青方法制作绿茶，其玉露茶制法与恩施玉露大同小异，品质各有特色。

### ☆ 信阳毛尖

信阳毛尖又称豫毛峰，是中国十大名茶之一，也是河南省著名特产之一。

信阳毛尖的色、香、味、形均有独特个性，其颜色鲜润、干净，不含杂质；香气高雅、清新；味道鲜爽、醇香、回甘；从外形上看，匀整、鲜绿有光泽、白毫明显。外形细、圆、光、直、多白毫，色泽翠绿，冲后香高持久，滋味浓醇，回甘生津，汤色明亮清澈。优质信阳毛尖汤色嫩绿、黄绿或明亮，味道清香扑鼻；劣质信阳毛尖则汤色深绿或发黄、混浊发暗，不耐冲泡，没有茶香味。信阳毛尖具有生津解渴、清心明目、提神醒脑、去腻消食等多种功效。它被誉为“绿茶之王”。

### ☆ 六安瓜片

六(lù)安瓜片简称瓜片、片茶，是中华传统历史名茶，也是中国十大名茶之一，其产自安徽省六安市大别山一带。在唐代，六安瓜片被称为“庐州六安茶”；在明代，被称为“六安瓜片”，为上品、极品茶；清为朝廷贡茶。

六安瓜片为绿茶特种茶类。在世界所有茶叶中，六安瓜片是唯一无芽无梗的茶叶，由单片生叶制成。六安瓜片的外形，似瓜子形的单片，自然平展，叶缘微翘，色泽宝绿，大小匀整，不含芽尖、茶梗，清香高爽，滋味鲜醇回甘，汤色清澈透亮，叶底绿嫩明亮。

六安瓜片茶既是消暑解渴的饮品，可以清心明目、提神消乏，还可以消食、解毒、美容、去疲劳，能够改善消化不良。

### ☆ 太平猴魁

太平猴魁，中国历史名茶之一，属于绿茶类尖茶，产于安徽太平县(现改为黄山市黄山区)一带，为尖茶之极品，久享盛名。其外形两叶抱芽，扁平挺直，自然舒展，白毫隐伏，有“猴魁两头尖，不散不翘不卷边”的美名；叶色苍绿匀润，叶脉绿中隐红，俗称“红丝线”；兰香高爽，滋味醇厚回甘，汤色清绿明澈，叶底嫩绿匀亮，芽叶成朵肥壮。

太平猴魁的色、香、味、形皆独具一格。全身披白毫，含而不露；入杯冲泡，芽叶成朵，或悬或沉；品其味则幽香扑鼻，醇厚爽口，回味无穷，大有“头泡香高，二泡味浓，三泡四泡幽香犹存”的意境。

### ☆ 雨花茶

南京雨花茶是中国十大名茶之一，是绿茶炒青中的珍品，也是“中国三针”之一，是优质细嫩针状春茶。雨花茶外形短圆，色泽幽绿，条索紧直，锋苗挺秀，带有白毫；干茶香气浓郁，冲泡后香气清雅，茶汤绿透银光，毫毛丰盛；滋味醇和，回味持久。

**绿茶的保健功效**

绿茶有丰富的保健功效。常饮绿茶能防癌、降血脂、减轻尼古丁伤害等。

## 任务考核

☑基础知识考核

1. ________就是在高温的作用下，破坏鲜叶中的酶的活性，防止鲜叶内含物质氧化变质，以保持茶叶原有的青绿色。

2. ________是大多数茶类加工的必需工序，主要目的：卷紧条索，适当破坏叶组织，使制成的干茶既容易泡出茶汁，又有一定的耐泡程度。

3. 绿茶的初制工艺为：鲜叶→________→揉捻→干燥。

4. ________有“猴魁两头尖，不散不翘不卷边”的美名。

5. ________是“中国三针”之一，是优质细嫩针状春茶。

6. ________是唯一无芽无梗的茶叶，由单片生叶制成。似瓜子形的单片，自然平展，叶缘微翘，色泽宝绿，大小匀整，汤色清澈透亮，叶底绿嫩明亮。

7. ________产自湖北省恩施市，是中国传统蒸青绿茶，选用叶色浓绿的一芽一叶或一芽二叶鲜叶经蒸汽杀青制作而成。

8. ________的种植方式是茶、果交错种植。

9. ________素以“色绿、香郁、味甘、形美”四绝称著。

10. ________外形形似凤羽，色泽翠绿间黄，富含人体所需 18 种氨基酸，其氨基酸含量高于普通绿茶 3～4 倍。

☑操作技能考核

通过在实训室对比茶叶实物，分析西湖龙井、黄山毛峰、洞庭碧螺春等名优绿茶的品质特征。

| 考核项目 | 考核内容 | 考核标准(10 分) |
| --- | --- | --- |
| 分析西湖龙井、黄山毛峰、洞庭碧螺春等名优绿茶的品质特征 | 能基本识别各名优绿茶，并准确说出各名优绿茶的品质特征 | (1)正确描述茶样的品质特征 5 项(含)以上，不扣分；<br>(2)正确描述茶样的品质特征 4 项，扣 1 分；<br>(3)正确描述茶样的品质特征 3 项，扣1.5分；<br>(4)正确描述茶样的品质特征 2 项，扣 2 分；<br>(5)正确描述茶样的品质特征 1 项，扣2.5分；<br>(6)正确描述茶样的品质特征 0 项，扣 3 分 |

## 知识链接

“当下贾母等吃过茶，又带了刘姥姥至栊翠庵来。妙玉忙接了进去……妙玉笑往里让，贾母道：‘我们才都吃了酒肉，你这里头有菩萨，冲了罪过。我们这里坐坐，把你的好茶拿来，我们吃一杯就去了。’妙玉听了，忙去烹了茶来……贾母道：‘我不吃六安茶。’妙玉笑说：‘知道。这是老君眉。’贾母接了，又问是什么水。妙玉笑回‘是旧年蠲的雨水。’贾母便吃了半盏，便笑着递与刘姥姥说：‘你尝尝这个茶。’刘姥姥便一口吃尽，笑道：‘好是好，就是淡些，再熬浓些更好了。’贾母众人都笑起来。”——选自《红楼梦》

林黛玉初进荣国府吃完第一顿晚饭后开始喝茶。情形如下：“王夫人进屋后，众人方安设桌椅。贾珠之妻李氏捧饭，王熙凤安箸，王夫人进羹。吃完饭后，有丫鬟用小茶盘捧上茶来。当日林如海教女以惜福养身，云饭后务待饭粒咽尽，过一时再吃茶，方不伤脾胃。今黛玉见了这里许多事情不合家中之式，不得不随的，少不得一一改过来，因而接了茶。早见人又捧过漱盂来，黛玉也照样漱了口。盥手毕，又捧上茶来，这方是吃的茶。”——选自《红楼梦》

评析：

1.贾母吃了油腻的酒肉，不喝六安瓜片，明确地体现了贾母对于茶文化和养生之道的不俗见解。

2.荣国府这种喝茶方式明显与林如海教养的方式不同。现代人都知道，饭后喝茶，会冲淡胃液，影响食物消化，影响营养成分吸收。所以，林黛玉喝茶的方式是正确的，贾府饭后即喝茶的方法不可取。

知识链接

### 茶叶的保质期

茶友把保存了5年甚至更长时间的绿茶，拿出来招待客人。他以为绿茶和黑茶一样越存越值钱，哪知再拿出来之后，绿茶的颜色比当年的新茶黯淡了许多，香气也不如新茶鲜爽。虽然包装还是完好的，但这样的茶还能喝吗？那么茶叶有保质期吗？一般来说绿茶、黄茶的保质期较短，常温下只有1年左右。红茶的保质期也不长，袋装的为1～2年，罐装的可以保存3年。青茶的保质期也不算长，一般在18个月左右。在保存得当的情况下，白茶可以越陈越好，素有一年茶、三年药、七年宝的说法。存放白茶一般要密封保存，避免受潮。而黑茶也可以越陈越香，没有保质期，但不需要完全密封存放。茶叶一旦过了保质期，可能会变质，即使没有变质，也会影响口感，不建议再饮用。无论什么茶叶，若保存不当，出现了霉变情况，就一定不能再喝，否则对身体的损害较大。

## 学习讨论

喝绿茶时，如何正确地选择合适的季节、时辰以及身体特征喝茶？你有什么好的建议？

## 学习总结

根据本次任务活动内容，了解了绿茶的初制工艺和绿茶的品质特征，相信你也可以为你的家人和朋友分享一个名茶故事或者推荐一款绿茶。

# 任务二　黄　　茶

黄茶自古有之，但不同的历史时期、不同的观察方法赋予黄茶概念以不同的含义。历史上最早记载的黄茶概念，不同于现今所指的黄茶，是针对茶树品种原有特征、茶树生长的芽叶自然显露黄色而言，如在唐朝享有盛名的安徽寿州黄茶和作为贡茶的四川蒙顶黄芽，都因芽叶自然发黄而得名。

## 任务描述

通过完成本次学习任务，将了解黄茶的产地、制作工艺，熟悉黄茶品质特征，能够分析比较不同种类黄茶品质，熟练地应用到工作生活中去。

## 任务目标

**知识目标：**了解黄茶的产区和分类；熟悉黄茶的制作工艺；掌握黄茶的品

质特征。

**能力目标：**通过训练，培养观察能力，具备在不同场景下茶叶介绍或销售能力，增加人际交往的能力。

**素质目标：**提升茶文化知识，具备创新能力。

## 任务准备

准备不同种类的黄茶茶样。

## 任务实施

以下将介绍黄茶的分类和品质特征，初步了解并学习鉴别茶叶的等级与好坏。

| 工作步骤 | 服务场景 | 标准 |
|---|---|---|
| 操作一：准备茶叶 | 根据客人需要，为客人介绍黄茶 | 黄茶的品质特点是黄汤黄叶，制法特点主要是闷黄过程。代表名茶有君山银针和蒙顶黄芽 |
| 操作二：识别品质 | 帮助客人了解黄茶品质 | 汤色黄绿明亮，叶底嫩黄匀整明亮，能提神醒脑，消除疲劳，消食化滞等。黄茶是沤茶，在沤的过程中，会产生大量的消化酶，对脾胃有好处，消化不良、食欲不振、懒动肥胖，都可饮而化之 |

### 一、黄茶的初制工艺

黄茶的初制工艺为鲜叶→杀青→揉捻→闷黄→干燥。

闷黄是黄茶制作特有的一道工序，是指将杀青或揉捻或初烘后的茶叶趁热堆积，使茶坯在湿热作用下逐渐变黄的特有工序。按茶坯含水量的不同，闷黄分为湿坯闷黄和干坯闷黄。

## 二、黄茶的分类

黄茶是中国特产，按鲜叶老嫩、芽叶大小，黄茶分为黄芽茶、黄小茶、黄大茶。黄芽茶主要有君山银针、蒙顶黄芽和霍山黄芽、远安黄茶，沩山毛尖、平阳黄汤、雅安黄茶等均属黄小茶，而安徽皖西金寨、霍山、湖北英山和广东大叶青则为黄大茶。黄茶的品质特点是“黄叶黄汤”。湖南岳阳为中国黄茶之乡。

| | | | |
|---|---|---|---|
| 黄茶 | 黄芽茶 | 君山银针、蒙顶黄芽、霍山黄芽等 | 黄芽茶原料细嫩，采摘单芽或一芽一叶加工而成。其芽头肥硕，满披白毫，色金黄闪银光，被誉为“金镶玉”，其汤杏黄色，香清鲜，味甘鲜 |
| | 黄小茶 | 北港毛尖、沩山毛尖、温州黄汤、鹿苑茶等 | 采摘细嫩芽叶加工而成。其条索紧直略弯，显毫，色金黄，汤杏黄色，香幽味醇 |
| | 黄大茶 | 霍山黄大茶、广东大叶青等 | 采摘一芽二三叶甚至一芽四五叶为原料制作而成。其叶大梗大，黄色黄汤，锅巴香，味浓耐泡 |

## 三、品质特征

黄茶属于轻微发酵茶，具有“色黄、汤黄、叶黄”三黄的特征，再加上其香味清悦醇和，这些便是黄茶的共同特征。

| | |
|---|---|
| 黄茶原料 | 用带有茸毛的芽头、芽或芽叶制成，制茶工艺似绿茶，但加以闷黄 |
| 黄茶颜色 | 黄叶、黄汤 |
| 黄茶香味 | 香气清纯、滋味甜爽 |
| 黄茶性质 | 凉性，产量少，是珍贵的茶叶 |

## 四、名优黄茶品质特征

名优黄茶的代表有君山银针、霍山黄芽、蒙顶黄芽，其品质特征各有特点。

### ☆ 君山银针

君山银针是黄芽茶之极品，其成品茶外形茁壮挺直，重实匀齐，银毫披露，芽身金黄光亮，内质毫香鲜嫩，被誉为“金镶玉”；汤色杏黄明净，滋味甘醇鲜爽，香气清雅。若以玻璃杯冲泡，可见芽尖冲上水面，悬空竖立，下沉时如雪花下坠，沉入杯底，状似鲜笋出土，又如刀剑林立。再冲泡再竖起，能够三起三落。在国际和国内市场上君山银针久负盛名，身价千金。

君山银针的特点：茶形紧实挺直，芽身金黄；色泽润亮，香气高，汤色杏黄清澈；茶味爽甜醇厚，叶底嫩黄明亮。

### ☆ 霍山黄芽

霍山黄芽亦属黄芽茶的珍品，产于安徽省大别山区的霍山县。霍山茶的生产历史悠久。霍山古属寿州，从唐代起就生产黄芽，为名茶极品，明清时更被列为宫廷贡品。霍山黄芽要求鲜叶细嫩新鲜，一般当天采芽当天制作，分杀青、初烘、摊放、复烘、足烘五道工序。在摊放和复烘后，茶叶会潮变黄。

霍山黄芽的特点：茶形细嫩多亮，形如雀尖；茶色嫩黄，香气栗香；汤色黄绿清明；茶味醇厚有回甘；叶底黄亮嫩匀厚实。

### ☆ 蒙顶黄芽

蒙顶黄芽产于四川省雅安市名山区蒙山。蒙山产茶的历史十分悠久，蒙顶茶自唐至明清，都是有名的贡茶。有不少茶馆、茶庄悬挂“扬子江中水，蒙顶山上茶”的对联，可见蒙顶茶影响之深远。每年春分时节，茶农开始采制蒙顶黄茶，选择肥壮的芽头一芽一叶初展，经杀青、初包、复炒等八道工序制成。

蒙顶黄芽的特点：茶形扁直，芽毫毕露；茶色色泽微黄；甜香浓郁；汤色黄亮；叶底嫩黄匀亮。

---

**黄茶的保健作用**

黄茶具有提神醒脑、消除疲劳、消食化滞等保健作用。

黄茶是沤茶，在沤的过程中，会产生大量的消化酶，对脾胃有好处，消化不良、食欲不振、懒动肥胖，都可饮而化之。

黄茶中富含茶多酚、氨基酸、可溶糖、维生素等丰富的营养物质，对防治食道癌有明显功效。

此外，黄茶鲜叶中保留的天然物质有85%以上，而这些物质对防癌、抗癌、杀菌、消炎均有特殊效果，为其他茶叶所不及。

---

## 任务考核

**☑基础知识考核**

1. ________下沉时如雪花下坠，沉入杯底，状似鲜笋出土，又如刀剑林立。再冲泡再竖起，能够三起三落。

2. 黄茶属于轻微发酵茶，具有“________、________、________”三黄的特征。

3. ________是黄茶制作特有的一道工序，是指将杀青或揉捻或初烘后的茶叶趁热堆积，使茶坯在湿热作用下逐渐变黄的特有工序。

**☑操作技能考核**

通过在实训室对比茶叶实物，观察至少2种名优黄茶的干茶及茶汤特征并描述。

| 考核项目 | 考核内容 | 考核标准(10分) |
|---|---|---|
| 分析君山银针、霍山黄芽等名优黄茶的品质特征 | 能基本识别名优黄茶，并准确说出各名优黄茶的品质特征 | (1)正确描述茶样的品质特征5项(含)以上，不扣分；<br>(2)正确描述茶样的品质特征4项，扣1分；<br>(3)正确描述茶样的品质特征3项，扣1.5分；<br>(4)正确描述茶样的品质特征2项，扣2分；<br>(5)正确描述茶样的品质特征1项，扣2.5分；<br>(6)正确描述茶样的品质特征0项，扣3分 |

知识链接

**传承红色基因 坚持绿色发展——霍山黄芽红色故事与产业发展**

霍山黄芽产于大别山腹地的安徽省霍山县，是中国最悠久的历史名茶之一，是国家地理标志农产品、名特优新农产品。据《霍山县志》记载："霍山黄芽之名已肇于西汉。"史书记述："寿春之山有黄芽焉，可煮而饮，久服得仙。"唐代《国史补》记载："风俗贵茶，茶之名品亦众……寿州有霍山黄芽。"两千年的历史沉淀，形成了霍山黄芽厚重的文化渊源。霍山黄芽现已成为全国最具影响力的农产品区域公用品牌之一，属"地理标志农产品"、"地理标志证明商标"、"中国驰名商标"、"地理标志保护产品"、首批中国和欧盟"100+100"地理标志互保互认产品。2021年霍山黄芽品牌价值达80.72亿元。

霍山黄芽保护范围包括霍山县所辖的16个乡镇和一个经济开发区，地理坐标为东经115°52′～116°32′，北纬31°03′～31°33′。区域面积2 043平方公里，茶叶种植面积20.64万亩。

霍山黄芽独特的品质与霍山地理位置、生态环境、气候特征、加工工艺、人文因素等有高度的关联性。霍山黄芽的色、香、味、形皆独具一格，最突出的感官特征是“三黄”：色泽黄绿披毫，汤色黄绿明亮，叶底嫩黄鲜亮。干茶外形挺直微展，形似雀舌，香气清香持久，滋味鲜醇回甘。优质的霍山黄芽入杯冲泡，含而不露，芽叶成朵，或悬或沉，上下浮动，像美人起舞，婀娜多姿。霍山黄芽传统制作工艺属省级非物质文化遗产，霍山黄芽与黄山、黄梅戏并称“安徽三黄”。

在霍山黄芽产业发展的历史长河中，霍山积淀了丰富的、有霍山特色的文化瑰宝和故事。其中，在社会主义建设时期，就有一个值得霍山人民永远铭记的红色故事，这就是“毛主席喝过霍山黄芽茶”。霍山人民因为毛主席喝过黄芽茶而感到万分欣慰，同时也为毛主席一贯倡导并身体力行的艰苦奋斗、勤俭节约、清政廉洁的时代精神所鼓舞！（根据霍山县档案14目1卷50整理）

霍山人民不忘初心，传承红色基因，坚持绿色发展，以巩固脱贫攻坚成果和乡村振兴为抓手，大力发展茶产业，霍山黄芽作为地理标志农产品呈现了蓬勃发展的生机。

霍山县多年来始终重视茶产品质量安全，从源头抓起，健全环节控制，对茶园基地全面实施绿色防控，持续推广“双替代”示范行动，用有机农家肥替代化学肥料，用生物物理防治替代化学防治。

随着产业的发展，新的业态不断涌现，霍山黄芽茶旅融合发展势头较好，已从初级的采茶制茶体验，发展延伸到茶文化普及、茶餐、茶宿、茶文化体验园等系列项目，年均接待观光体验的茶旅游客5万人以上。茶农收入不断增加。茶产业是霍山的民生产业，是霍山90%以上农户赖以生存的重要收入来源之一。10多年前每亩茶叶收入不足千元，2021年亩产值平均超5 000元，霍山黄芽核心产区亩产值达万元。每年季节性地解决上万人3～6个月的短期就业。在脱贫攻坚的伟大工程中，发展茶叶产业项目的占近70%，达到了“贫困户人均一亩茶，脱贫稳定不返贫”的效果。在正实施的乡村振兴工程，霍山黄芽茶产业又是产业兴旺的主力军。

两千年的茶史缔造了霍山黄芽的辉煌，厚重的文化蕴育了霍山黄芽丰富的内涵，优良的环境和独特的工艺塑造了霍山黄芽优越的品质，地理标志农产品认定赋予了霍山黄芽鲜明的特色，红色故事激发了霍山黄芽浓厚的情怀。霍山黄芽从小到大，从弱到强，从藏在深山到名扬海内外，实现了质的飞跃。成就来之不易，进入新时代，霍山黄芽必将凭借优势，继续传承红色基因，坚持绿色发展，再创更大的辉煌！

（资料来源：“徽茶”公众号）

知识链接

“须一人从旁扇之，以祛热气，否则色黄，香味俱减……”“日用所需，贮小罂中箬包苎扎，亦勿见风。宜即置之案头……不过一夕，黄矣变矣。”最早关于黄茶出现的记载，往往是由于绿茶操作失妥、储存不当等原因造成绿叶发“黄”，而此些过失之举在勇于探索的茶农手中演变为刻意的“闷黄”之举时，黄茶诞生了。

“闷黄”这道工艺直接决定了它独特的滋味与香气，且制法要求严格、难度大，也只有上了年纪的老师傅才能熟练地把握其中门道。至今，这道“闷黄”的工序也无法用机械取代，只能手工完成，且早已被列入非物质文化遗产名录中。

通过采用“闷黄”工艺，茶叶中的叶绿素降解，多酚类化合物进行非酶氧化，产生黄色物质，形成了我们能看到的“黄汤黄叶”。由此，它的香气变纯，滋味尤其甘醇。喝过黄茶的朋友，几乎没有不备一些在身边当口粮茶的。

用老茶人的话说，就是“有温暖的谷物香气，甘醇润口，是随泡随喝、没啥负担的茶”。

传统的制茶技艺、茶树品种、茶艺文化以及各地的茶俗，都是中国茶人千百年来积累下来的智慧，需要被更多的人发现、珍惜、延续和传承。

## 学习讨论

品饮黄茶时，说说饮用黄茶的好处？

## 学习总结

根据本次任务活动内容，了解了黄茶的初制工艺和黄茶的品质特征，相信你也可以为你的家人和朋友分享一个名茶故事或者推荐一款黄茶。

# 任务三　白　　茶

白茶的名称最早出现于宋代，当时是指采摘大白茶树的芽叶制成的茶。大白茶树最早发现在福建政和，传说咸丰、光绪年间被乡农偶然发现。白茶为中国特有，属微发酵茶，是中国茶类中的特殊珍品。其主要产区在福建福鼎、政和、松溪、建阳、云南景谷等地。

## 任务描述

通过完成本次学习任务，将了解白茶的产地、制作工艺，熟悉白茶品质特征，能够分析比较不同种类白茶品质，并熟练地应用到工作生活中。

## 任务目标

**知识目标：**了解白茶的产区和分类；知晓白茶的制作工艺；熟悉白茶的品质特征。

**能力目标：**通过训练，培养观察能力，具备在不同场景下茶叶介绍或销售能力，增强人际交往的能力。

**素质目标：**提升茶文化知识，具备创新能力，探索和传承灿烂的茶文化。

## 任务准备

准备不同种类的白茶茶样。

## 任务实施

以下将介绍白茶的分类和品质特征，初步了解并鉴别茶叶的等级与好坏。

| 工作步骤 | 服务场景 | 标准 |
| --- | --- | --- |
| 操作一：准备茶叶 | 根据客人需要，为客人介绍白茶 | 白茶最主要的特点是白色银毫，素有“绿妆素裹”之美感，芽头肥壮，汤色黄亮，滋味鲜醇，叶底嫩匀。冲泡后品尝，滋味鲜醇可口 |
| 操作二：识别品质 | 帮助客人了解白茶品质 | 茶汤黄亮，还能起药理作用。白茶性清凉，具有退热降火之功效 |

## 一、白茶的初制工艺

白茶的初制工艺为鲜叶→萎凋→干燥。

## 二、白茶的分类

白茶，属微发酵茶，是中国茶类中的特殊珍品。因成品茶多为芽头，满披白毫，如银似雪而得名，是中国六大茶类之一。

白茶主要产区在福建福鼎、政和、柘荣、蕉城天山、松溪、建阳，武汉新洲旧街，云南景谷等地。白茶基本工艺包括萎凋、烘焙（或阴干）、拣剔、复火等工序。云南白茶工艺主要是晒青，晒青茶的优势在于口感保持茶叶原有的清香味。萎凋是形成白茶品质的关键工序。

白茶因茶树品种和原料要求的不同，分为白毫银针、白牡丹、寿眉、贡眉四种产品。

| | | | |
|---|---|---|---|
| 白茶 | 白芽茶 | 白毫银针 | 由于采摘的鲜叶原料全部是茶芽，且制成成品茶后，形状似针，白毫密披，色白如银，因此得名白毫银针。白毫银针分成特级、一级、二级 |
| | 白叶茶 | 白牡丹、寿眉、贡眉 | 采摘选自一芽二叶到三叶之间 |

## 三、品质特征

白茶不经杀青或揉捻，只经过晒或文火干燥后加工，具有外形芽毫完整、满身披毫、毫香清鲜、汤色黄绿清澈、滋味清淡回甘的品质特征。

| | |
|---|---|
| 白茶原料 | 用福鼎大白茶中的壮芽或嫩芽制造，大多是针形或长片形 |
| 白茶颜色 | 色白隐绿，干茶外表满披白色茸毛 |
| 白茶香味 | 汤色浅淡，味清鲜爽口、甘醇，香气弱 |
| 白茶性质 | 茶性寒凉，有退热祛暑作用 |

## 四、白茶分类品质特征

### ☆ 白毫银针

白毫银针，其外观挺直似针，满披白毫，如银似雪。福鼎所产白毫银针，茶芽茸毛厚，色白富光泽，汤色浅杏黄，味清鲜爽口。政和所产白毫银针，汤味醇厚，香气清芬。

白毫银针的活性酶含量普遍高于其他茶叶一倍以上，多酚类、维生素 $B_1$、

维生素 $B_2$、烟酸、叶酸、维生素 E、维生素 K 和维生素 C、儿茶素、25 种氨基酸、茶氨酸及多种矿物质等的含量，都比其他茶叶丰富。白毫银针一般人群均可饮用。银针性寒凉，有退热祛暑解毒之功，在华北被视为治疗养护麻疹患者的良药。

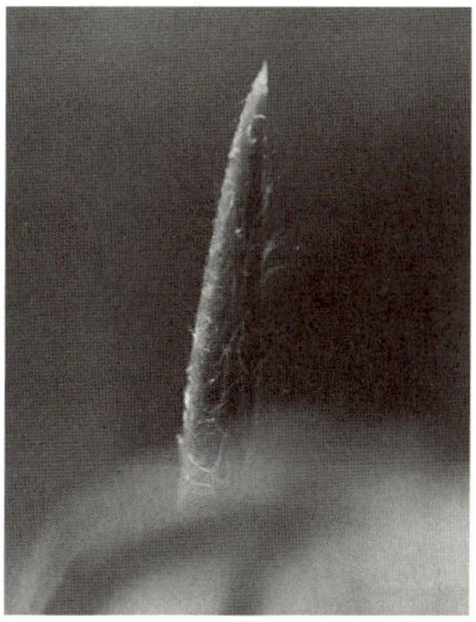

☆ 白牡丹

因其绿叶夹银白色毫心，形似花朵，冲泡后绿叶托着嫩芽，宛如蓓蕾初放，故得美名牡丹。

白牡丹外形毫心肥壮，叶张肥嫩，叶色灰绿，夹以银白毫心，呈“抱心形”，叶背遍布洁白茸毛；冲泡后毫香鲜嫩持久；滋味清醇微甜；汤色杏黄明亮或橙黄清澈；叶底嫩匀完整，叶脉微红，布于绿叶之中，有“红装素裹”之誉。白牡丹按其制作的原料可分为政和大白茶、福鼎大白茶及水仙白茶。

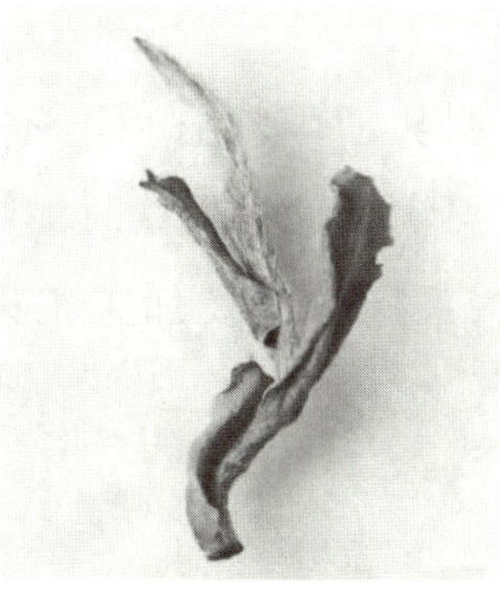

☆ 寿眉

寿眉，乃以福鼎大白、福鼎白茶树制成的白茶。寿眉叶张稍肥嫩，芽叶连枝，无老梗，叶整卷如眉，香气清纯。优质寿眉毫心显而多，色泽翠绿，汤色橙黄或深黄，叶底匀整、柔软、鲜亮，叶张主脉迎光透视呈红色，味醇爽，香鲜纯。其采摘标准为一芽二叶至一芽二三叶，要求含有白毫。优质寿眉色泽翠绿，汤色橙黄。寿眉有退热、祛暑之功效，为夏日佳饮，令人精神愉悦、心旷神怡。茶中富含人体所需的氨基酸、茶多酚、矿物质、多种维生素及锌、硒等微量元素，具有生津止渴、清肝明目、提神醒脑等功效。

☆ 贡眉

贡眉是以采茶茶树的芽叶制成的茶叶，其外形较瘦小，形似眉毛而得名，主要产区在福建省建阳、福鼎、松溪等地，是一种口感好，营养价值也很高的优质茶叶。

优质的贡眉成品茶毫心明显，茸毫色白且多，干茶色泽翠绿，冲泡后汤色呈橙色或深黄色，叶底匀整、柔软、鲜亮，品饮时滋味醇爽，香气鲜纯。

贡眉等级按照不同产地、采摘标准及加工工艺分成了特级、一级、二级和三级。

**白茶的保健作用**

白茶的药效性能很好，具有解酒醒酒、清热润肺、平肝益血、消炎解毒、降压减脂、消除疲劳等功效，尤其针对烟酒过度、油腻过多、肝火过旺引起的身体不适、消化功能障碍等症，具有独特、灵妙的保健作用。

## 任务考核

### ☑基础知识考核

1. 白茶的主要品种有________、________、________、________。

2. 白茶属于________，其品质特征是干茶满披白毫，色泽银白灰绿，汤色清淡。

3. 白茶的初制工艺为：鲜叶→________→干燥。

4. "一年茶，三年药，七年宝"指的是________。

### ☑操作技能考核

通过在实训室对比茶叶实物，观察至少 2 种名优白茶的干茶及茶汤特征并描述。

| 考核项目 | 考核内容 | 考核标准(10 分) |
| --- | --- | --- |
| 分析白毫银针、白牡丹、寿眉等白茶的品质特征 | 能基本识别白茶的等级,并准确说出白茶的品质特征 | (1)正确描述茶样的品质特征 5 项(含)以上,不扣分;<br>(2)正确描述茶样的品质特征 4 项,扣 1 分;<br>(3)正确描述茶样的品质特征 3 项,扣1.5分;<br>(4)正确描述茶样的品质特征 2 项,扣 2 分;<br>(5)正确描述茶样的品质特征 1 项,扣2.5分;<br>(6)正确描述茶样的品质特征 0 项,扣 3 分 |

知识链接

## 坚持“十不采”,始得白毫银针

自古物以稀为贵,贵重白毫银针自然也是产量不高,这是因为白毫银针的采制要求十分严格。《茶经》里面就有记载:“凡采茶,在二月、三月、四月之间。茶之笋者,生烂石沃土,长四五寸,若薇蕨始抽,凌露采焉。茶之芽者,发于丛薄之上,有三枝、四枝、五枝者,选其中枝颖拔者采焉。”也有记载说“有雨不采”,意思是下雨天不采;“晴有云不采”,就是有云的天气也不采;“晴天采之”,只有天晴才能采。一天中,采茶最佳的时段是在上午 7 点后、11 点前。上午太阳出来之前露水比较重,带露采的茶非常容易“烧尖”,11 点后太阳比较烈,茶叶也就没那么鲜嫩了。只有经过层层的挑拣选拔,一道道严格要求的工序,最终才能成就珍贵无比的白毫银针。

可见,即使是采茶这样看上去简单的劳动,也是蕴含了中国劳动人民生活的智慧。

知识链接

**“一年茶，三年药，七年宝”**

白茶是中国最古老、最健康的茶类，被称为六大茶类中的珍品“贵族”，而“一年茶，三年药，七年宝”正是指的白茶！

一年茶：白茶是属于微发酵茶，当年新茶通过微发酵处理后，这种茶水凉性较重，口感接近绿茶，滋味鲜爽，口感顺滑。较适合浅尝辄止，所以也只能单单称做为“茶”。

三年药：得当存放3～5年之后的白茶，其内部成分发生变化，口感开始变得醇和且滋味渐柔，茶性也由凉转温。这个时候白茶就具有了药用价值，不仅可以降火清热，而且可以润肺护肝，正所谓“亦茶亦药”。

七年宝：得当存放更久，到5～7年之后的白茶，这个时候其实也可以称老白茶了！此时的白茶经过较长时间转化，不论是口感还是汤色都变得醇厚饱满，入口也更顺滑，韵味更重！所以不管是从哪个方面品味老白茶，都是十分的诱人！

## 学习讨论

在选择品饮白茶时，说说饮用白茶都有哪些香气，如何而来？白茶适合长期存放吗？

## 学习总结

根据本次任务活动内容，了解了白茶的初制工艺和白茶的品质特征，相信你也可以为你的家人和朋友分享一个名茶故事或者推荐一款白茶。

# 任务四　乌　龙　茶

乌龙茶，亦称青茶，是介于不发酵绿茶和全发酵红茶之间的一类具有鲜明特色的茶叶品类。乌龙茶是经过杀青、萎凋、摇青、发酵、烘焙等工序后制出的品质优异的茶类。乌龙茶为中国特有的茶类，主要产于福建的闽北、闽南及广东、台湾。

## 任务描述

通过完成本次学习任务，将了解乌龙茶的产地、制作工艺，熟悉乌龙茶品质特征，能够分析比较不同品种的乌龙茶品质，熟练地应用到工作生活中去。

## 任务目标

**知识目标：**了解乌龙茶的产区和分类；知晓乌龙茶的制作工艺；熟悉乌龙茶的品质特征。

**能力目标：**通过训练，培养观察能力，具备在不同场景下介绍茶叶或销售能力，增强人际交往的能力。

**素质目标：**提升茶文化知识水平，探索和传承灿烂的茶文化，培养良好职业气质和形象。

## 任务准备

准备不同种类的乌龙茶茶样。

## 任务实施

乌龙茶品质与其茶树品种和产地有密切的关系，所以乌龙茶常以茶树品种来命名。以下将介绍了解乌龙茶的分类和品质特征，以便鉴别茶叶的等级与好坏。

| 工作步骤 | 服务场景 | 标准 |
| --- | --- | --- |
| 操作一：准备茶叶 | 根据客人需要，为客人介绍乌龙茶 | 乌龙茶综合了绿茶和红茶的制法，其特质介于绿茶和红茶之间，既有红茶浓鲜味，又有绿茶清芬香，以及“绿叶红镶边”的美誉 |
| 操作二：识别品质 | 帮助客人了解乌龙茶品质 | 茶汤呈黄红色，具有天然花香，品尝后齿颊留香，滋味浓醇。乌龙茶的药理作用，突出表现在分解脂肪、减肥健美等方面 |

## 一、乌龙茶的初制工艺

乌龙茶的初制工艺为鲜叶→萎凋→摇青→杀青→揉捻→干燥。

| 工作步骤 | 作用与目的 |
| --- | --- |
| 操作一：鲜叶 | 当新梢发育将成熟、顶芽开展度约8成时，采下带芽的三四片嫩叶为原料 |
| 操作二：萎凋 | 乌龙茶的萎凋分为晒青与晾青两步。晒青是形成乌龙茶和普洱茶特质的一个重要环节。具体的做法是将鲜叶或者杀青揉捻过后的鲜叶按照一定的厚度摊放在太阳下，使叶片中的水分得到适度的蒸发、内含物质发生适度的转化。晾青就是将晒青的叶子移到室内通风阴凉处继续萎凋的过程 |
| 操作三：摇青 | 摇青是乌龙茶加工中特有的工序，也是形成乌龙茶特质的关键措施。其目的是通过摩擦力造成叶缘细胞损伤，促使茶多酚酶氧化，诱发香气，形成乌龙茶所特有的香高味醇特质。摇青有手工摇青和机器摇青两种 |

## 二、乌龙茶的分类

乌龙茶是我国的特种茶类，它起源于福建，并由福建传至台湾和广东发展至今，主产区分布在福建、广东、台湾。乌龙茶香味独特，具天然花果香气的特殊香韵。适合乌龙茶的茶树品种在得天独厚的自然环境下被精心栽培，以其鲜叶为原料，经精细加工而成乌龙茶。乌龙茶依产地和特质风格不同，可分为闽北乌龙茶、闽南乌龙茶、广东乌龙茶、台湾乌龙茶等。武夷岩茶、安溪铁观音、凤凰单枞、冻顶乌龙是上述四个区域的代表性品类。

### ☆ 闽北乌龙

闽北乌龙茶主产区分布在福建北部的武夷山、建阳、建瓯等一带，主要有武夷岩茶和闽北水仙、闽北乌龙等。武夷岩茶是历史名茶之一，产自福建省武夷山市，武夷岩茶的花色品种一般分为大红袍、武夷水仙、武夷肉桂、武夷名枞（铁罗汉、水金龟、白鸡冠、半天腰（妖）等）、武夷奇种等品种。

闽北乌龙茶做青时发酵程度较重，揉捻时无包揉工序，因而条索壮结弯曲，干茶色泽较乌润，香气为熟香型，汤色橙黄明亮，叶底三红七绿，红镶边明显。

### ☆ 闽南乌龙

闽南乌龙主产于福建南部安溪、永春、南安、平和等地。主产县域有当家品种，冠县名者为多，如安溪铁观音、永春佛手、平和白芽奇兰、诏安八仙等，大多外形卷曲，壮结重实，香气为清香细长型。

### ☆ 广东乌龙

广东乌龙茶盛产于汕头地区的潮安、饶平等地，其花色品种主要有凤凰水仙、浪菜、单枞、石古坪乌龙、饶平色种等。

广东乌龙茶条索肥壮匀整，色泽褐中带灰，油润有光，汤色黄而带红亮，叶底非常肥厚。最突出的是广东乌龙的香气，独树一帜，芬芳馥郁。较为常见的香型有类似栀子花的黄枝香、桂花香、蜜兰香、芝兰香，等等。

### ☆ 台湾乌龙

台湾乌龙茶源于福建，但是福建乌龙茶的制茶工艺传到台湾后有所改变，依据发酵程度和工艺流程的区别可分为轻发酵的文山型包种茶和冻顶型包种茶、重发酵的白毫乌龙茶，一般发酵度为60%，也有些多达75%～85%。

文山包种茶

冻顶乌龙茶

白毫乌龙茶

## 三、品质特征

乌龙茶属于半发酵茶，各种乌龙茶因茶树品种、产地以及加工方法的不同而有明显的区别，但它们也有共同的品质特征。

| | |
|---|---|
| 乌龙茶原料 | 两叶一芽，枝叶连理，对口叶，芽叶已成熟 |
| 乌龙茶颜色 | 青褐，暗绿 |
| 乌龙茶香味 | 花香果味，从清新的花香、果香到熟果香都有，滋味醇厚回甘 |
| 乌龙茶性质 | 茶性温凉，含叶绿素和维生素 C，咖啡因、茶碱含量约 3% |

## 四、名优乌龙茶品质特征

### ☆ 武夷岩茶

武夷岩茶是中国历史名茶之一，产于福建省武夷山市。“武夷山不独以山水之奇而奇，更以茶产之奇而奇。”武夷山种植环境得天独厚，茶树品种资源丰富。武夷岩茶之所以深受人们赏识，不仅在于其优良的生态环境，还在于它的品种优异和精湛的制作工艺。因产茶地点不同，又分有正岩茶、半岩茶、洲茶。正岩茶是指武夷岩中心地带所产的茶叶，高味醇厚，岩韵特显。半岩茶是指武夷山边缘地带所产的茶叶，其岩韵略逊于正岩茶。洲茶泛指靠武夷岩两岸所产的茶叶，品质又低一筹。武夷岩茶主要品种有武夷水仙、武夷奇种、大红袍等，岩茶中以大红袍、白鸡冠、铁罗汉、水金龟等著名，其他品种还有瓜子金、金钥匙、半天腰等品种。

### ☆ 大红袍

大红袍，产于福建武夷山，品质优异，是武夷传统珍贵名丛之一。大红袍外形条索紧结，色泽绿褐鲜润，冲泡后汤色橙黄明亮，叶片红绿相间。品质特征最突出之处是香气馥郁，似兰花香，香高而持久，“岩韵”明显。大红袍很耐冲泡，冲泡七八次仍有香味。品饮“大红袍”茶，必须按“工夫茶”小壶小杯细品慢饮的程式，才能真正品尝到岩茶的韵味，注重活、甘、清、香。

☆ 铁观音

铁观音，是中国十大名茶之一，其品质特征是茶条卷曲、肥壮圆结、沉重匀整、色泽砂绿，整体形状似蜻蜓头、螺旋体、青蛙腿。冲泡后汤色金黄浓艳似琥珀，有天然馥郁的兰花香，滋味醇厚甘鲜，俗称有“音韵”；且馥郁持久，令人心醉神怡，有“七泡有余香”之誉。

☆ 凤凰单枞

凤凰单枞，产于广东省潮州市凤凰镇凤凰山。单枞茶按香型分为黄枝香、芝兰香、桃仁香、玉桂香、通天香等多种香型，其外形条索粗壮，匀整挺直，色泽黄褐，油润有光，并有朱砂红点；冲泡后清香持久，有独特的天然兰花香，滋味浓醇鲜爽，润喉回甘；汤色清澈黄亮，叶底边缘朱红，叶腹黄亮，具有独特的山韵品格。

☆ 东方美人茶

东方美人茶是台湾地区独有的名茶，又名膨风茶，因其茶芽白毫显著亦称为白毫乌龙茶。它是半发酵青茶中发酵程度最重的茶品，其发酵度一般为60%，有些则多达75%～85%，故不会产生任何生青臭味，且不苦不涩。茶汤为明澈鲜丽的琥珀色，具有天然蜜味与熟果香，甘润香醇，饮后口齿留香，徐徐生津，令人回味无穷。

☆ 冻顶乌龙

冻顶乌龙茶，产于台湾南投县凤凰山支脉冻顶山一带。采摘标准为一芽二叶，色泽苍绿，汤色呈金黄带绿，具有花香甘甜滋味。冻顶乌龙茶成品外形呈半球型弯曲状，色泽墨绿，有天然的清香气。冲泡时茶叶自然冲顶壶盖，汤色呈柳橙黄，味醇厚甘润，发散桂花清香，后韵回甘味强，饮后杯底不留残渣。其茶品质，以春茶最好，香高味浓，色艳；秋茶次之；夏茶品质较差。

☆ 乌龙茶的保健作用

乌龙茶的主要保健功效为消除油腻、通便利尿、促进代谢、缓解肌肉紧张、帮助消化、镇定情绪等，同时还能补充身体所需维生素以及蛋白质，起到缓解口渴、生津去疲的作用，长期饮用具有抗衰老、提神兴奋的保健功效。

## 任务考核

☑基础知识考核

1. 乌龙茶的初制工艺为鲜叶→萎凋→________→杀青→揉捻→干燥。

2. ________是乌龙茶加工中特有的工序，通过摩擦力造成叶缘细胞损伤，促使茶多酚酶氧化，诱发香气，形成乌龙茶所特有的香高味醇品质特征。

3. 乌龙茶的种类有________、________、________、________。

☑操作技能考核

通过在实训室对比茶叶实物，观察至少2种名优乌龙茶的干茶及茶汤特征并描述。

| 考核项目 | 考核内容 | 考核标准(10分) |
|---|---|---|
| 分析安溪观音、大红袍、凤凰单枞等名优乌龙茶的品质特征 | 能基本识别各名优乌龙茶，并准确说出各名优乌龙茶的品质特征 | (1)正确描述茶样的品质特征5项(含)以上，不扣分；<br>(2)正确描述茶样的品质特征4项，扣1分；<br>(3)正确描述茶样的品质特征3项，扣1.5分；<br>(4)正确描述茶样的品质特征2项，扣2分；<br>(5)正确描述茶样的品质特征1项，扣2.5分；<br>(6)正确描述茶样的品质特征0项，扣3分 |

知识链接

## 古人饮茶的讲究浅析

喝茶无论是在古代人还是现代人看来都是非常受到茶客们青睐的一件事。古人似乎很喜欢喝茶，早起要喝茶，吃饭后要喝茶，晚上睡前要喝茶，甚至宴请朋友也以茶相待。那么古人是如何喝茶的？他们喝茶有哪些讲究？古人饮茶注重六境：择茶、选水、佳人、配具、环境和饮者的修养，其核心都在把握一个“品”字，十分强调饮茶者的意境，故有“三得”之说：得趣、得神、得味。

一曰得趣。

饮茶可清心，能给人以满足和享受，增添生活的情趣。饮茶讲究“活火活水”，水以泉水为佳。泉水经过沙石岩土过滤，吸收二氧化碳，溶解了钠、钾、钙等 60 多种元素，水质洁净甘冽，营养丰富。火以木炭为上。火候以状如“蟹眼已过鱼眼生，飕飕欲作松风鸣”的三沸水为好。

二曰得神。

《神农食经》记载：“茶茗久服，令人有力，悦志。”其意思是饮茶能使人精力饱满、兴奋愉悦。饮茶的妙处在于清虚和睦。它崇尚简质恬淡、不迎合世俗的习气，而在于申明“无我”的意识，帮助人们“洗胸中之积滞、致清和之精气”，给人以一个自信而含蓄、祥和而清丽的文化氛围。

三曰得味。

饮茶最讲究的就是一个“味”字。在我国宋代，人们饮茶有一条法则，谓“新茶、甘泉、器皿干净为一；天气景色宜人为二；风流儒雅、心性相同者为三。”

（资料来源：https://www.jianshu.com/p/1bd5817f5eac）

知识链接

**"小方块有大智慧"**

乌龙茶界最不守规矩的一款茶——漳平水仙，是世界上唯一以紧压茶为常态的乌龙茶，因其独特的"奶油小方"外形被戏称为乌龙茶中的"奇葩"。

出自"九山半水半分田"的漳平水仙茶是国家历史名茶，于2000年被编入《中国名茶志》；2021年漳平水仙茶传统制作技艺被列入第五批国家级非物质文化遗产代表性项目名录；2022年漳平水仙茶制作技艺入选联合国"人类非物质文化遗产代表作名录"。

漳平水仙茶制作工艺独特，分为晒青、晾青、摇青、炒青、揉捻、模压造型、烘焙七个步骤，有别于条形乌龙茶的制作。一块四四方方的茶饼，外面裹着白棉纸是漳平水仙茶最经典的样子，早先俗称"纸包茶"，最初是以条索形及圆球形存在的。至于后期为什么会演变成经典的"奶油小方"造型，这小小方块可是体现了制茶人的大智慧！

据了解，漳平水仙毛茶条索疏松，远销南洋不便运输，还容易吸潮变质。因此，在最初工艺流程中，制茶师在揉捻之后增加一道"捏团"的工序，即将揉捻叶捏成小圆团，用白色洁净毛边纸包固定焙干成型，从而解决了运输问题。

不过，手工捏团也存在一个问题，就是制茶师凭手感捏的茶团，无法保证形状大小完全一致，不利于销售。后来有人想出用固定规格的木模将漳平水仙茶压制成方形茶饼，确保了每一块大小相同、质量相等，既方便携带，又利于统一销售，一举两得，小方块就这样代代传承下来。诚然，方便携带及销售是漳平水仙茶紧压成四方茶饼的最主要目的，但其隐藏的一些好处更让人佩服制茶师的智慧。

紧压茶饼的隐藏好处：①纸张包裹隔绝外界。每一块“奶油小方”都用独立的白棉布包裹，有效阻止了茶叶与空气、光线接触，减缓茶叶中的多酚类、酮类物质的氧化速度，更容易保持茶叶香气，同时让微生物更好地存活下来。②超前防伪保障品质。相比散茶，紧压成方块的茶饼更不容易被掺假、勾兑，造假成本过高，极难以次充好，有利于保证漳平水仙茶的品质。当时很多制茶师父的刻章就印在茶包上，这也是最原始的防伪商标。

独特外观只是漳平水仙茶出圈的理由之一，它真正吸引人的是茶叶本身的内质！须知，在乌龙茶纷纷采用轻摇轻发酵等去红边工艺的今天，漳平水仙茶依然不守常规、特立独行地保留了传统乌龙茶特有的“青蒂绿腹红镶边”。正因如此，漳平水仙茶成茶的叶底肥厚、软亮，红边明显，冲泡后茶汤呈金黄色，清澈透亮。此外，漳平水仙茶在压饼成型后，会先移开木模，将茶饼用纸包扎紧，包上纸后再拿去焙火，这样茶叶不会吸收炭火味，汤色也更黄亮无杂质。漳平水仙茶在高水冲泡时，茶叶舒展，天然花香入水而发，自茶汤中飘扬而出，似兰香清雅幽长，如桂香浓郁持久，喝上去没有岩茶那种焙火的味道，滋味醇正甘爽且味中透香。

作为漳平水仙茶主产区，南洋镇的水仙茶园超过3万亩，占全市的80%以上，全镇90%农民种茶。每年采茶季，这里茶香四溢，处处可见繁忙的采茶场景。

当前，南洋镇还将水仙茶产业结合乡村旅游业，精心打造茶旅结合线路，不断完善旅游基础设施，逐步形成茶文化旅游产业链。

漳平水仙茶已经成为当地推动群众增收致富的“金钥匙”，“小众茶”走出了一条发展的大路子。

（资料来源：漳平融媒体）

## 学习讨论

在选择品饮乌龙茶时，说说饮用乌龙茶的好处。

## 学习总结

根据本次任务活动内容，了解了乌龙茶的初制工艺和乌龙茶的品质特征，相信你也可以为你的家人和朋友分享一个名茶故事或者推荐一款乌龙茶。

# 任务五　红　　茶

中国作为茶叶的原产国，是世界上最早发现和饮用茶的国家，更是红茶的发祥地。

红茶是全球消费量最多的茶类，约占全球茶叶消费总量的80%，可见红茶的魅力之大。世界红茶源于中国，中国红茶源于武夷。中国武夷山市的桐木关是世界最早发现红茶的地方，产自桐木关的正山小种是世界之茶的鼻祖，已经有400年以上的历史。

## 任务描述

通过完成本次学习任务，将了解红茶的制作工艺，熟悉红茶品质特征，能够分析比较不同名优红茶的品质，进行茶叶销售和产品介绍，并熟练地应用到工作生活中去。

## 任务目标

**知识目标：**了解红茶的产区和分类；知晓红茶的制作工艺；熟悉红茶的品质特征。

**能力目标：**通过训练，培养观察能力，具备在不同场景下介绍茶叶或销售能力，增强人际交往的能力。

**素质目标：**提升茶文化知识，具备创新能力，探索和传承灿烂的茶文化，培养良好职业气质和形象。

## 任务准备

准备不同种类的红茶茶样。

## 任务实施

红茶种类繁多,以下将介绍红茶的分类和品质特征,了解并鉴别茶叶的等级与好坏。

| 工作步骤 | 服务场景 | 标准 |
| --- | --- | --- |
| 操作一:准备茶叶 | 根据客人需要,为客人介绍红茶 | 红茶属于发酵茶,因此性质温良,经常饮用红茶能够驱寒化痰,帮助消化,尤其是脾胃虚弱的人,晚上饮用红茶能够调理脾胃。此外,红茶具有不错的抗氧化以及降血脂能力,饮用红茶对于动脉硬化有很好的预防作用。在秋冬的时节,喝红茶是一种很好的选择 |
| 操作二:识别品质 | 帮助客人了解红茶品质 | 红汤红叶,香味甜醇,除含多种水溶性维生素外,还富含微量元素钾 |

## 一、红茶的初制工艺

工夫红茶的初制工艺为鲜叶→萎凋→揉捻→发酵→干燥。

| 工作步骤 | 作用与目的 |
| --- | --- |
| 操作一:鲜叶 | 采摘一芽二三叶的鲜叶为原料 |

续表

| 工作步骤 | 作用与目的 |
| --- | --- |
| 操作二：萎凋 | 采摘下来的鲜叶水分含量高达75%～80%，萎凋主要目的在于减少鲜叶与枝梗的含水量，使叶质变软。萎凋可分为室内萎凋和萎凋槽萎凋两种 |
| 操作三：揉捻 | 揉捻是大多数茶类加工的必需工序，主要目的是卷紧条索，适当破坏叶组织，使制成的干茶既容易泡出茶汁又有一定的耐泡程度。揉捻一般分成手工揉捻和机器揉捻两种 |
| 操作四：发酵 | 发酵是红茶形成的关键工序，对红茶的品质特征形成起着极其重要的作用。在发酵过程中，经过萎凋、揉捻的叶的化学成分在有氧的情况下氧化变色，形成了红茶特有的红叶红汤的品质特征 |
| 操作五：干燥 | 茶叶干燥的目的：蒸发水分，并整理外形，充分发挥茶香 |

## 二、红茶的分类

| | | | |
| --- | --- | --- | --- |
| 红茶 | 工夫红茶 | 滇红、祁红、川红、宁红、闽红等 | 工夫红茶也称工夫茶，是我国特有的红茶品种，以红条茶为原料精制加工而成。工夫红茶原料细嫩，制工精细，外形条索紧直、匀齐，色泽乌润，香气浓郁，滋味醇和而甘浓，汤色、叶底红艳明亮，具有形质兼优的品质特征 |
| | 红碎茶 | 叶茶、碎茶、片茶、末茶等 | 红碎茶是一种碎片或颗粒茶叶，是国际茶叶市场的大宗产品，占全球茶叶总出口量的80%左右，有百余年的产制历史。成品红碎茶外形呈碎片或颗粒，汤色鲜红，香气鲜浓，滋味醇厚，富有收敛性 |

续表

| | | | |
|---|---|---|---|
| 红茶 | 小种红茶 | 正山小种<br>烟小种 | 小种红茶，分为正山小种和外山小种。正山小种外形条索肥实，色泽乌润，泡水后汤色橙黄透亮，香气自然，类花果香，滋味醇厚；烟熏小种带松烟香，桂圆汤味。烟小种，是用小叶种制作的工夫红茶，具有明显的松烟香，口味重 |

## 三、品质特征

红茶属于全发酵茶，红汤红叶、香味甜醇是各种红茶共同的品质特征。但各类红茶的品质特征还是有所区别的。

| | |
|---|---|
| 红茶原料 | 大叶、中叶、小叶均有，一般是切青、碎形和条形 |
| 红茶颜色 | 干茶呈暗红或乌润色，茶汤呈红亮、红艳色 |
| 红茶香味 | 麦芽糖香，滋味香甜浓厚 |
| 红茶性质 | 茶性温和，不含叶绿素。咖啡因、茶碱含量较小，兴奋神经效能较低 |

## 四、名优红茶品质特征

红茶因其干茶冲泡后的茶汤和叶底呈红色而得名。红茶在加工过程中发生以茶多酚酶氧化为中心的化学反应，产生了茶黄素和茶红素等新成分和香气物质，具有红茶、红汤、红叶、香甜味醇的特征。常见的名优红茶有祁门工夫、滇红工夫、川红工夫、九曲红梅、正山小种等。

### ☆ 祁门工夫

祁门工夫是中国传统工夫红茶的珍品，有百余年的生产历史，也是中国传统出口商品。祁门红茶产自安徽省南端的祁门县。祁红工夫茶条索紧秀，锋苗好；色泽乌黑泛灰光，俗称“宝光”；内质香气浓郁高长，似蜜糖香，又蕴藏有兰花香；汤色红艳，滋味醇厚，回味隽永；叶底微软红亮。祁门红茶在国内外享有盛誉，国外把祁门红茶与印度大吉岭茶、斯里兰卡乌伐的季节茶，并列为世界公认的三大高香茶。国外称祁门红茶这种地域性香气为“祁门香”，祁门红茶被誉为“王子茶”“茶中英豪”“群芳最”。清饮更能领略祁门红茶的特殊香味，加奶后呈乳色粉红，其香味特点犹存。

### ☆ 滇红工夫

滇红工夫茶，属大叶种类型的工夫茶，主产于云南的临沧、保山等地，是中国工夫红茶的后起之秀，以外形肥硕紧实、金毫显露和香高味浓的品质特征独树一帜而著称于世。滇红工夫外形条索紧结，肥硕雄壮；干茶色泽乌润，金毫特显，内质汤色艳亮；香气鲜郁高长，滋味浓厚鲜爽，富有刺激性；叶底红匀嫩亮。滇红工夫茶在国内独具一格，也深受国际市场欢迎。

### ☆ 川红工夫

宜宾是“川红工夫”的故乡和发源地，是四川省最大的茶叶主产区。川红工夫外表条索肥壮圆紧，显金毫；色泽乌黑油润；内质香气清鲜带桔糖香，滋味醇厚鲜爽，汤色浓亮；叶底厚软红匀。川红工夫自问世以来，在国际市场上享受较高声誉，堪称中国工夫红茶的后起之秀。

### ☆ 宁红工夫

宁红工夫，简称宁红，是我国最早的工夫红茶之一，主产于江西修水县。宁红工夫茶外形条索紧结圆直，锋苗挺拔，略显红筋，色乌略红，光润；内质香高持久似祁红，滋味醇厚甜和，汤色红亮，叶底红匀。高级茶“宁红金毫”条紧细秀丽，金毫显露，多锋苗，色乌润，香味鲜嫩醇爽，汤色红艳，叶底红嫩多芽。

☆ 九曲红梅

九曲红梅，又称“九曲乌龙”，简称“九曲红”，是西湖区另一大传统拳头产品，是红茶中的珍品。九曲红梅以湖埠大坞山所产品质最佳。九曲红梅茶系工夫红茶，品质优异，风韵独特，色香味形俱佳，其外形曲细如鱼钩，色泽乌泽多白毫，滋味浓郁，香气芬馥，汤色鲜亮，叶底红艳，具有解渴养胃、消食除腻、明目提神、健身祛病之功效，深受消费者青睐。

☆ 英德红茶

英德红茶，广东省英德市特产，中国国家地理标志产品。英德现代茶业始于1955年，1959年用云南大叶种茶成功，并试制英德红茶。英德红茶自问世以来，以其外形匀称优美、色泽乌黑红润、汤色红艳明亮、香气浓郁纯正等为特点，被誉为红茶后起之秀，堪与印度、斯里兰卡红茶比美。

英德红茶外形颗粒紧结重实，色泽油润，细嫩匀整，金毫显露；香气鲜纯浓郁，花香明显；滋味浓厚甜润；汤色红艳明亮，金圈明显；叶底柔软红亮。特别是加奶后茶汤棕红瑰丽，味浓厚清爽，色香味俱佳，较之滇红、祁红别具风格。

☆ 正山小种

正山小种是世界红茶的发源地，也是金骏眉红茶的发源地，原产自福建武夷山桐木村。

“正山”，乃真正高山地区所产之意。其范围以福建武夷山国家级自然保护区内桐木村的庙湾、江墩自然村为中心，现大部分在福建武夷山国家级自然保护区内。在此范围内，方可正山，别无它二。“小种”是指其茶树的品种。陆廷灿《续茶经》载《随见录》：“武夷茶，在山上者为岩茶，水边者为洲茶，……其最佳者，名曰工夫茶。工夫之上，又有小种，则以树名为名。每株不过数两，不可多得。”

正山小种鲜叶标准要选用当地高山菜茶一芽二、三叶或小开面（三、四叶，由于桐木山高水冷气温低，一般在4月下旬才开始采春茶。

其成品茶外形紧结匀整；色泽铁青带褐，较油润；有天然花香，香不强烈，细而含蓄；味醇厚甘爽，喉韵明显；汤色橙黄清明。

☆ 云南红碎茶

云南红碎茶的原料芽叶肥壮，叶底柔软，持嫩性好，其主要内含物如水浸出物、多酚类、儿茶素含量均高于国内其他优良品种，是中国著名的红茶良种。云南红碎茶香气高锐浓郁，汤色红艳明亮，滋味浓厚强烈；加乳后呈姜黄色，味浓爽，富有刺激性。其品质优异，在国际市场上享有盛誉。

**红茶的保健作用**

红茶含有丰富的茶多酚与咖啡碱，有提神醒脑、缓解疲劳的作用。红茶为全发酵茶，其茶性性温，汤色红艳，且富含茶红素等物质，长期饮用有加快身体新陈代谢、促进消化、温暖肠胃的功效。

## 任务考核

**☑基础知识考核**

1. ________与“祁红”“滇红”并称中国三大工夫红茶。

2. 红茶分为________、________、________。

3. 工夫红茶的初制工艺为鲜叶→萎凋→揉捻→________→干燥。

4. ________是红茶形成的关键工序，对红茶的品质特征形成起着极其重要的作用。

5. 国外把________与印度大吉岭茶、斯里兰卡乌伐的季节茶，并列为世界公认的三大高香茶。

**☑操作技能考核**

通过在实训室对比茶叶实物，分析正山小种、祁门红茶、九曲红梅等名优红茶的品质特征。

| 考核项目 | 考核内容 | 考核标准(10分) |
|---|---|---|
| 分析正山小种、祁门红茶、九曲红梅等名优红茶的品质特征 | 能基本识别各名优红茶,并准确说出各名优红茶的品质特征 | (1)正确描述茶样的品质特征5项(含)以上,不扣分;<br>(2)正确描述茶样的品质特征4项,扣1分;<br>(3)正确描述茶样的品质特征3项,扣1.5分;<br>(4)正确描述茶样的品质特征2项,扣2分;<br>(5)正确描述茶样的品质特征1项,扣2.5分;<br>(6)正确描述茶样的品质特征0项,扣3分 |

**知识链接**

英德红茶作为国茶代表之一,常出现在会面现场用以接待外宾。正所谓“好山好水出好茶”,英德红茶产自广东英德市。该地气候温暖多雨,既无严寒,亦无酷暑,土壤肥沃,有机质丰富,为茶树自然生长提供了优越的环境。英德红茶跻身中国三大红茶之列,成为与云南滇红、安徽祁红并肩的名优红茶。

英德是我国的古老茶区,产茶历史悠久。据历史记载,英德种茶可追溯到距今超1 200年前的唐朝。唐朝陆羽所著的中国第一部茶叶专著《茶经》载:“岭南生福州、泉州、韶州、象州……往往得之,其味为佳”。当时英德便是韶州的主要植茶之地,此说法已经中国茶叶研究所程启坤等研究论证。到明清时期,英德茶叶生产已经普及民间,并参与对外贸易。由此可见,英德产茶历史之悠久。

较之于滇红、祁红,英德红茶别具一格,有其独特韵味。英德红茶外形颗粒紧结重实,色泽油润,细嫩匀整,金毫显露;香气鲜纯浓郁,花香明显;滋味浓厚甜润;汤色红艳明亮,金圈明显;叶底柔软红亮。特别是加奶后茶汤棕红瑰丽,味浓厚清爽,色香味俱佳。

在外交活动中，元首茶叙所用的金毛毫，更是英德红茶中的极品。采摘一芽一叶鲜嫩芽叶，近3万颗芽叶方可制一斤金毛毫，其内含物质充沛，氨基酸和茶多酚丰富，香醇馥郁，花香、果香、茶香层次感丰富，茶汤红亮澄澈，口感鲜爽，甜润芬芳，一抿入喉，口齿留香。

英德红茶作为茶礼很早就出现在外交舞台上。1963年，英国女皇伊丽莎白二世在其宴会上就用过英德红茶来招待贵宾并获得了称赞和推崇，英德红茶的声誉由此便开始在国外流传，此后更是有着饮誉世界的趋势。据香港《东方日报》报道，截至1996年，英德红茶便已销往德国、英国、美国、波兰等40多个国家和地区，赢得世界各地茶友的广泛称赞，有着“中国红茶后起之秀”的盛誉。

英德红茶相比滇红、祁红这些久负盛名的红茶品种来说，其起步晚，知名度相对较低，但是其却从竞争繁杂的红茶市场中脱颖而出，跻身三大红茶之列，妥妥的后起之秀。这一方面得益于英德得天独厚的地理条件，另一方面是抓住历史发展契机，充分发挥自身条件，培育研制出独具特色的红茶之韵，借助广东开放口岸优势进行品牌塑造，进行出口创收，实现走出国门、香飘世界的目标。特别是如今的英德红茶，不断加大科研投入，积极推广生态有机种植，采用现代化的制作工艺，制定严格的行业标准，推动多方合作进行品牌推广，使得英德红茶成为红茶界的一颗冉冉升起的新星，夺目耀眼。现在的英德红茶，既是茶树品种名，也是红茶产品名，更是茶叶区域公共品牌名。当下英德红茶已经成为清远市百亿级农业产业，全市茶企就高达550家，更是孵化出了包括盈德茗在内的多家重点农业龙头企业。全市茶园种植面积17.5万亩，综合产值超60亿元，创造了15万个就业岗位，为促进新时代农业产业结构调整、农民收入提高、乡村振兴起到了积极的推动作用。

英德红茶能做到如今的弯道超车，走出国门，走向世界，这不仅得益于英德红茶本身独特的风格和优良的品质特征，还得益于英德红茶善于抓住发展机遇，放眼长远，从源头到制作工艺，按行业标准严格把关。资料显示，当地英德红茶的龙头企业，在很早就严格落实生态种茶、制茶标准，并先后获得了中国、美国、日本和欧盟的有机认证，参加各类茶事竞赛获得诸多奖项，并且积极和品牌媒体合作展开品牌营销，让这杯关于红茶的故事家喻户晓，真正地把品牌做大、做强。我们有理由相信，打好英德红茶这张响亮的招牌，不仅能实现英德地区产业结构转型升级，实现生态农业与外贸出口相结合、农民增收、企业获利、行业发展、引领我国红茶产业升级发展，还能助力乡村振兴，让这颗红茶界的新星发光发热、闪烁世界。

（资料来源：盈德茗茶业）

**知识链接**

数百年来，英国皇室的下午茶，土耳其路边的红茶屋，印度“圣河”边上的小茶馆，乃至整个欧洲和亚太地区，受到来自中国红茶的浸润，中国红茶使欧亚各国的居民生活增添了健康、乐趣和文明。

以茶待客是中国的传统，习近平总书记高度重视中国茶文化，他曾经多次以茶叙外交，通过介绍中国茶文化，向世界展示中国人热爱和平、推动构建人类命运共同体的美好愿望。

2013年9月7日，中国国家主席习近平在哈萨克斯坦纳扎尔巴耶夫大学提出了“丝绸之路经济带建设”倡议，把“金融、能源、信息”和“农业”四大板块列入经济带建设的重点，这无疑为中国红茶发展带来了巨大的机遇，因为这条连接欧洲和亚太两大经济圈的经济带是世界红茶最主要的消费圈，沿线各国居民几乎都有饮用红茶的习惯。除了政策带来的历史机遇外，红茶相比其他茶类，它的工艺使得其具备标准化生产的可能性，标准化生产将会带来制造规模和销售规模扩大。红茶的深度发酵使得其口感更具有平和性，让消费者能够很好地接受。红茶的冲泡和储存方式、条件不是十分复杂，这为红茶的快速市场拓展和消费者培育提供了便利条件。再加上红茶的发酵工艺使得茶叶当中的多酚类物质转化为茶黄素。茶黄素被誉为茶叶中的软黄金，具有调节血脂、预防心血管疾病的功效。这些保健因素无疑为红茶未来发展提供了更加广阔的舞台。

2020 年，联合国设立“国际茶日”，习近平总书记致信表示祝贺，他在贺信中指出：“作为茶叶生产和消费大国，中国愿意和各方一道，推动全球茶产业持续健康发展，深化茶文化交融互鉴，让更多的人知茶、爱茶，共品茶香茶韵，共享美好生活。”

（资料来源：茶周刊【张心忠话茶企发展（三十一）】我看红茶的发展）

## 学习讨论

在选择品饮红茶时，说说饮用红茶的季节和好处。你是否还知道其他国家饮用红茶的方法，与大家一起讨论交流。

## 学习总结

根据本次任务活动内容，了解了红茶的初制工艺和红茶的品质特征，相信你也可以为你的家人和朋友分享一个名茶故事或者推荐一款红茶。

# 任务六　黑　　茶

黑茶，因成品茶的外观呈黑色，故得名。黑茶属于六大茶类之一，属后发酵茶，主产区为广西、四川、云南、湖北、湖南、陕西、安徽等地。"黑茶"二字，最早见于明嘉靖三年(1524 年)御史陈讲奏疏："以商茶低伪，征悉黑茶。地产有限，仍第为上中二品，印烙篾上，书商名而考之，每十斤蒸晒一篾，运至茶司，官商对分，官茶易马，商茶给卖。"(甘黑茶是中国边疆藏族、蒙古族、维吾尔族等民族日常生活必不可少的饮品，因此黑茶也被称为"边销茶"。《肃通志》)此茶系蒸后踩包之茶，具有发酵特征，实为黑茶无疑。

## 任务描述

通过完成本次学习任务，将了解黑茶的产地、制作工艺，熟悉黑茶品质特征，能够分析比较不同种类黑茶品质，并熟练地应用到工作生活中去。

## 任务目标

**知识目标：**了解黑茶的产区和分类；知晓黑茶的制作工艺；熟悉黑茶的品质特征。

**能力目标：**通过训练，培养观察能力，具备在不同场景下茶叶介绍或销售能力，增强人际交往的能力。

**素质目标：**提升茶文化知识，具备创新能力。

## 任务准备

准备不同种类的黑茶茶样。

## 任务实施

以下将介绍黑茶的分类和品质特征，了解并鉴别茶叶的等级与好坏。

| 工作步骤 | 服务场景 | 标准 |
| --- | --- | --- |
| 操作一：准备茶叶 | 根据客人需要，为客人介绍黑茶 | 黑茶，因其成品茶的外观呈黑色而得名。黑茶属于六大茶类之一，属后发酵茶。黑茶类产品普遍能够长期保存，而且有越陈越香的品质 |
| 操作二：识别品质 | 帮助客人了解黑茶品质 | 有消化解油、降脂减肥、抗氧化等功效 |

## 一、黑茶的初制工艺

黑茶的初制工艺为鲜叶→杀青→揉捻→渥堆→干燥。

渥堆是形成黑茶色香味的关键性工序。黑茶渥堆应有适宜的条件，黑茶渥堆要在背窗、洁净的地面，避免阳光直射，室温在 25 ℃以上，相对湿度保持在 85%左右。初揉后的茶坯有一个堆放的过程，由于茶青水分颇高，堆放后会发热，且引发了微生物生长，使茶青产生了另一种发酵，茶质被降解而变得醇和，颜色因茶质氧化而变得深红，形成了黑茶独有的品质特征。

## 二、黑茶的分类

黑茶按地域分类，主要分为湖南黑茶、湖北黑茶、四川边茶、滇桂黑茶。

☆ 湖南黑茶

湖南安化黑茶的原产地是我国湖南安化县，因其成品茶的外观是黑色的，所以结合地名称之为“安化黑茶”。安化黑茶是中国古代名茶之一，其独具特色的千两茶，堪称一绝。安化黑茶又被称为“砖茶”，泡出的茶具有茶汤透明洁净，茶香浓郁清正、饮后悠远沁心等特点。安化黑茶主要品种有“三尖”“三砖”和“一卷”，“三尖”茶是指天尖、贡尖、生尖，“三砖”茶则是指茯砖、黑砖和花砖，而“一卷”是指花卷茶，现在统称为安化千两茶。常年饮用安化黑茶，能够起到调理肠胃、降低血压、血脂和血糖的作用。

☆ 湖北黑茶

湖北黑茶是湖北出产的青砖茶的总称。现湖北赤壁市羊楼洞古镇是公认的中国砖茶故乡，从事砖茶生产至今已有两百多年的历史。青砖茶经发酵、高温蒸压、适当存放自然发酵后，茶叶中的儿茶素和茶多酚比普通茶的更易溶于水中。饮用青砖茶，除能生津解渴外，其具有的化腻健胃、降脂瘦身、御寒提神、杀菌止泻等独特功效为其他茶类所不及。湖北黑茶主要销往内蒙古、新疆、西藏、青海等西北地区和蒙古、格鲁吉亚、俄罗斯、英国等国家。

☆ 四川边茶

四川是黑茶主要生产基地。亦是传统边销茶的发源地。主要产区是雅安、乐山、绵阳、成都、达县、宜宾等地区。按销路分南路边茶（康砖、金尖）和西路边茶（方包、茯砖）两大类。南路边茶主要产地是四川雅安、乐山、荥经和宜宾地区，因产地在成都以南，故称南路边茶。主要代表品种为“康砖”和“金尖”。西路边茶是四川都江堰市（灌县）和北川、平武一带生产的边销茶，用竹篾包装。西路边茶较南路边茶更为粗老，其成品茶有茯砖和方包两个花色。南路边茶的品质特点：砖形光滑，表面铺展均匀；颜色是棕色；油性。西路边茶外形篾包方正，四角稍紧；色泽黄褐；内质稍带烟焦气，滋味醇正；汤色红黄；叶底黄褐。

### ☆ 滇桂黑茶

滇桂黑茶是用滇晒青毛茶经潮水沤堆发酵后干燥而制成。其外形色泽褐红，内质汤色红浓明亮，香气独特陈香，滋味醇厚回甘，叶底褐红。其最大的特点就是“越陈越香”“香陈九畹芳兰气，品尽千年普洱情”。另外，滇桂黑茶也被称为“可入口的古董”，不同于别的茶贵在新，滇桂黑茶贵在“陈”，往往会随着时间逐渐升值。

## 三、品质特征

黑茶属于后发酵茶，原料粗老，在制造过程中往往堆积发酵时间较长，而叶色呈油黑或黑褐色。黑茶的品质特征：条索卷折成泥鳅状，色泽油黑，汤色橙黄，叶底黄褐，滋味醇厚，有陈香。

| | |
|---|---|
| 黑茶原料 | 花色、品种丰富，大叶种等茶树的粗老梗叶或鲜叶经后发酵制成 |
| 黑茶颜色 | 青褐色，汤色橙黄或红褐色 |
| 黑茶香味 | 具陈香，滋味醇厚回甘 |
| 黑茶性质 | 茶性温和，可长时间存放，耐泡耐煮 |

## 四、黑茶分类品质特征

### ☆ 普洱茶

普洱茶产于云南省的西双版纳、临沧、普洱等地区，以地理标志保护范围内的云南大叶种晒青茶为原料，并在地理标志保护范围内采用特定的加工工艺制成，具有独特品质特征的茶叶。

按其加工工艺及品质特征，普洱茶分为普洱茶(生茶)和普洱茶(熟茶)两种类型。

生普洱茶，茶叶多为青绿色、墨绿色，部分呈现黄红色，还有些白色芽头。年份久了也会逐渐变成黄褐色和黄红色。茶香具清香味，或者毫香味；茶色比较金黄透亮。存放时间短的生茶，苦味、涩味较重，香气不足，口感霸道；存放时间久的生茶，口感则比较柔顺，茶味苦中带甜，涩而生津。

熟普洱茶，茶叶的颜色比较深，多为红褐色或者深黑色，熟茶茶叶的质地较硬易碎，而生茶的茶叶比较完整。熟普洱茶，有很重的渥堆味，发酵轻的有桂圆味、枣香味，也有樟香味等。熟普洱茶，茶色棕红色或红褐色，红浓通透，口感醇和绵软，自然回甜生津。

### ☆ 云南沱茶

云南沱茶，以一、二级滇青为原料，其造型独特，状如碗臼。由于滇人习惯把块状物体称为"坨"，因此初始取名"沱茶"。品质最好的是特级沱茶，香气馥郁，滋味醇厚，喉味回甘，汤色橙黄明亮。由普洱散茶蒸压而成的云南普洱沱茶，外形紧结，色泽褐红，有独特的陈香，滋味回甘，汤色橙黄明亮，有提神醒酒、明目清心、解渴利尿、除腻消食之功能，还有止胃出血、止腹胀、止头痛之疗效。

### ☆ 苍梧六堡茶

苍梧六堡茶是广西特产，因原产于苍梧县六堡乡而得名。六堡茶是属于后发酵的黑茶类，无论是散茶或紧压条，其外形色泽是黑色、油润；陈香明显；汤色红浓，呈琥珀色；滋味浓醇爽口，回味悠长，有特殊的槟榔香味；叶底黑褐油润。在部分紧压茶中偶间有"金花"(黄色菌孢子)。故素以"红、浓、陈、醇"四色著称。若珍藏有十年以上的远年六堡茶，色泽棕褐，陈韵尤佳，入口即化，十分滑顺。因而有人把"红、浓、陈、醇、滑"视作极品六堡茶，加以推崇。祛湿效果尤佳。

**黑茶的保健作用**

肥胖人群喝黑茶，能促消化，抑制腹部脂肪，防止体内脂肪堆积。血糖、血脂、血压高人群喝黑茶，能降低人体血糖含量，并且降低血压中胆固醇的含量，还能舒张血管，降低血压。抽烟喝酒人群喝黑茶，能有效利尿醒酒，并且解毒；茶多酚还能清除烟气中的自由基，降低烟雾毒害。

## 任务考核

**☑基础知识考核**

1. 黑茶属于________，原料粗老，在制造过程中往往堆积发酵时间较长，而叶色呈油黑或黑褐色。

2. 我国的黑茶种类分为________、________、________、________四种类别。

3. 黑茶的初制工艺为鲜叶→杀青→揉捻→________→干燥。

**☑操作技能考核**

通过在实训室对比茶叶实物，观察至少1～2种名优黑茶的干茶及茶汤特征并描述。

| 考核项目 | 考核内容 | 考核标准(10分) |
|---|---|---|
| 分析六堡茶、生普洱、熟普洱等名优黑茶的品质特征 | 能基本识别名优黑茶，并准确说出各名优黑茶的品质特征 | (1)正确描述茶样的品质特征5项(含)以上，不扣分；<br>(2)正确描述茶样的品质特征4项，扣1分；<br>(3)正确描述茶样的品质特征3项，扣1.5分；<br>(4)正确描述茶样的品质特征2项，扣2分；<br>(5)正确描述茶样的品质特征1项，扣2.5分；<br>(6)正确描述茶样的品质特征0项，扣3分 |

知识链接

## 茶马古道

据史料记载，中国茶叶最早向海外传播，可追溯到南北朝时期。当时中国商人在与蒙古毗邻的边境，通过以茶易物的方式，向土耳其输出茶叶。隋唐时期，随着边贸市场的发展壮大，加之丝绸之路的开通，中国茶叶以茶马交易的方式，经回纥及西域等地向西亚、北亚和阿拉伯等国输送，中途辗转西伯利亚，最终抵达俄国及欧洲各国。

从唐代开始，历代统治者都积极采取控制茶马交易的手段。唐肃宗至德元年（公元756年）至千年元年，在蒙古的回纥地区驱马茶市，开创了茶马交易的先河。北宋时期，茶马交易主要在陕甘地区，易马的茶叶就地取于川蜀，并在成都、秦州（今甘肃天水）各置榷茶和买马司。元代时，官府废止了宋代实行的茶马治边政策。到了明代，又恢复了茶马政策，明太祖洪武年间，一匹上等马最多可换茶叶120斤。明万历年间，则定上等马一匹换茶三十篦，中等二十，下等十五。明代文学家汤显祖在《茶马》诗中这样写道："黑茶一何美，羌马一何殊。""羌马与黄茶，胡马求金珠。"足见当时茶马交易市场的兴旺与繁荣。至清代，茶马治边政策有所松弛，私茶商人较多，在茶马交易中则费茶多而获马少。清朝雍正十三年，官营茶马交易制度终止。茶马交易治边制度从隋唐始，至清代止，历经岁月沧桑近千年。在茶马市场交易的漫长岁月里，中国商人在西北、西南边陲，用自己的双脚，踏出了一条崎岖绵延的茶马古道。茶马互市的意义显然并不止于历史上的茶、马交换，事实上它既是汉、藏两大文明发生交流融合的一个重要渠道，也是促成汉、藏两个民族进行沟通联系并在情感、心理上彼此亲近和靠拢的主要纽带。

所谓茶马古道，实际上就是一条地道的马帮之路。茶马古道的线路主要有两条：一条从四川雅安出发，经泸定、康定、巴塘、昌都到西藏拉萨，再到尼泊尔、印度，国内路线全长3 100公里以上；另一条路线从云南普洱茶原产地（今西双版纳、思茅等地）出发，经大理、丽江、中甸、德钦，到西藏邦达、察隅或昌都、洛隆、工布江达、拉萨，然后再经江孜、亚东，分别到缅甸、尼泊尔、印度，国内路线全长3 800公里以上。在两条主线的沿途，密布着无数大大小小的支线，将滇、藏、川“大三角”地区紧密联结在一起，形成了世界上地势最高、山路最险、距离最遥远的茶马文明古道。在古道上是成千上万辛勤的马帮，日复一日、年复一年，在风餐露宿的艰难行程中，用清悠的铃声和奔波的马蹄声打破了千百年山林深谷的宁静，开辟了一条通往域外的经贸之路。在雪域高原奔波谋生的特殊经历，造就了他们讲信用、重义气的性格，锻炼了他们明辨是非的勇气和能力。他们既是贸易经商的生意人，也是开辟茶马古道的探险家。他们凭借自己的刚毅、勇敢和智慧，用心血和汗水浇灌了一条通往茶马古道的生存之路、探险之路和人生之路。历史已经证明，茶马古道原本就是一条人文精神的超越之路。马帮每次踏上征程，就是一次生与死的体验之旅。茶马古道的艰险超乎寻常，然而沿途壮丽的自然景观却可以激发人潜在的勇气、力量和忍耐，使人的灵魂得到升华，从而衬托出人生的真义和伟大。不仅如此，藏传佛教在茶马古道上广泛传播，还进一步促进了滇西北纳西族、白族、藏族等各兄弟民族之间的经济往来和文化交流，增进了民族间的团结和友谊。从久远的唐代开始，直到二十世纪五、六十年代滇藏和川藏公路修通，历经岁月沧桑一千余年，茶马古道就像一条大走廊，连接着沿途各个民族，发展了当地经济，促进了边贸地区农业、畜牧业发展。

如今，在几千年前古人开创的茶马古道上，成群结队的马帮身影不见了，清脆悠扬的驼铃声远去了，远古飘来的茶草香气也消散了。然而，留印在茶马古道上的先人足迹和马蹄烙印，以及对远古千丝万缕的记忆，却幻化成华夏子孙一种崇高的民族创业精神。这种生生不息的拼搏奋斗精神将在中华民族的发展历史上雕铸成一座座永恒的丰碑，千秋万代闪烁着中华民族的荣耀与光辉。（茶马古道（以马帮为主要交通工具的民间国际商贸通道)_360 百科　https://balke.so.com/doc/1882372－1991485.html)

知识链接

## 茶船古道

说到黑茶，想必许多人对普洱茶的“茶马古道”耳熟能详，但对于六堡茶“茶船古道”，或许了解甚少。

在中国茶运史上“茶船古道”的影响力不输于普洱茶的“茶马古道”，它连接了广西、广东、港澳，直通南洋。六堡茶作为中国历史名茶，正是通过这条“茶船古道”成为海上丝绸之路的重要商品之一，更成了著名的侨销茶。

历史上“茶船古道”的起点在广西梧州苍梧六堡镇合口码头，满载六堡茶的小船、竹排，从合口码头出发，沿着六堡河，“走”出深山，经东安江，走贺江，入西江，直达广州，对接“海上丝绸之路”，走向东南亚。

“茶船古道”在历史上犹如一根动脉，维持着六堡茶产销两地流转，它的出现有着多种特定的因素。

1. 山水为媒育好茶

六堡茶通过“茶船古道”畅销港澳和南洋，其中一个主要的前提是六堡茶具有优良和独特的品质特征。

苍梧县六堡镇位于北回归线北侧，年平均气温 21.2 ℃，年降雨 1 500毫米，无霜期 331 天。六堡镇属桂东大桂山脉的延伸地带，境内溪流纵横，山清水秀，日照短，终年云雾缭绕，土壤养分充足，为茶树生长提供了极好的环境基础，也为六堡茶独特品质特征形成奠定了物质基础。所以在《广西通志稿》中曾记载：“六堡茶，产苍梧。苍梧茶叶出产之盛，以多贤乡之六堡及五堡为最，六堡茶尤为著名，畅销于穗、佛、港、澳等埠。”

2.岭南茶文化拉动需求

岭南，特指广东、广西、海南、香港、澳门三省二区，亦即当今华南区域范围。自古“南方多瘴气”，岭南先民素有煮饮草药的习惯，而岭南茶叶的煮饮习俗也源于此。

从药用到饮用，从喝茶到叹茶，再到话茶；从田间地头，到街边茶楼都可以感受到岭南人爱饮茶以及独具岭南特色的茶文化。

六堡镇处于岭南地区，伴随着岭南茶文化的发展，从清中期起，六堡茶通过水运外销为岭南民众所熟悉并消费，知名度高。上世纪五六十年代，广东和港澳地区的茶楼都有六堡茶的身影，澳门老字号茶楼“远来茶楼”更是“楼上茶市销六堡，楼下设点卖六堡”。

六堡茶在岭南地区需求量日益增大，直接拉动了近代六堡茶大规模生产和运销，“茶船古道”从此变得繁荣。

3.三江水汇梧州港

梧州位于广西东部，素有“小香港”“百年商埠”“广西水上门户”之称。

自古以来，梧州的交通以水路为主，浔江、桂江在市区内汇合而成西江，而西江流源长远，上游发源于云南、贵州，下游则经广东注入南海。

拥有如此天赐的水道，梧州水运，可以毫不夸张地说，上通邕、柳、桂，下达粤、港、澳。

得益于当时梧州兴旺的水路运输，商人们凭借着“茶船古道”将六堡茶以最低的成本运达广东、港澳地区。

4.南洋华侨带动出口需求

因六堡茶祛湿、调理肠胃功效突出，一些华侨到南洋之时都会带上一些六堡茶，很快，六堡茶作为“保命茶”在南洋地区逐渐流行起来，需求量逐年递增。

从此，“茶船古道”开始对接海上丝绸之路，大量的六堡茶被运到广州后，转运到香港、澳门，再通过海路运输到南洋。六堡茶因价廉、品质醇厚、耐存放、便于长途运输等特性，得到了港澳地区乃至南洋消费群体的认可。

“茶船古道”正是在这种产、销共同发展驱动下逐渐形成，并走向繁盛！

进入二十一世纪后，随着黑茶越来越受国内茶友欢迎，六堡茶内销也开始走俏。随着国家“一带一路”倡议，六堡茶沿着“茶船古道”和“海上丝绸之路”走向国际市场。随后，六堡茶行销全球，活动足迹遍布北京、杭州、南宁、深圳、广州等国内近二十个城市及港澳地区和印尼、泰国、文莱、斯里兰卡、日本多个“一带一路”国家，在各地茶业界引起广泛关注。“茶船古道”已成为六堡茶的重要文化载体和产业知名品牌。

（资料来源：节选自六堡茶微刊）

## 学习讨论

在选择品饮黑茶时，说说饮用黑茶的好处以及适宜的人群。

## 学习总结

根据本次任务活动内容，了解了黑茶的初制工艺和黑茶的品质特征，相信你也可以为你的家人和朋友分享一个名茶故事或者推荐一款黑茶。

# 项目三

# 茶叶冲泡服务

中国是茶的故乡，茶在中国有4 700年以上的发展历史。随着年代的更迭，茶叶冲泡方法有很大的变化，远古时以药和食使用，唐朝煎茶，宋朝点茶，元明清清饮。茶叶冲泡，需根据不同的茶类，使用不同的冲泡方法，才能使茶的香气、滋味、口感更香醇。

## 任务一　绿茶冲泡

### 任务描述

通过完成本次学习任务，将掌握冲泡绿茶的基本流程和一般技法。

### 任务目标

**知识目标：**初步掌握绿茶类的冲泡步骤和方法；根据绿茶的种类以及品质特征，用不同方法进行冲泡；能规范使用各种茶具，做到操作手势正确；学会从色、香、味、形品饮茶叶。

**能力目标：**通过实操训练，提高动手操作能力、创新能力；在进行茶叶冲泡活动中，提高表达能力；具备初中级茶艺师茶叶冲泡及茶事服务的能力。

**素质目标：**培养良好的礼仪风范，提高审美情趣，享受生活的乐趣。

## 任务准备

（1）对拟冲泡的茶叶进行质量检查。

（2）掌握西湖龙井、碧螺春、茉莉龙珠的不同冲泡方法，并准备好相应的泡茶器具。

## 任务实施

不同的茶类有着不同的冲泡方法，使用不同的水温、器皿和注水方式等，使茶汤香味和滋味有更好的呈现。以下将介绍常用的绿茶冲泡技巧和标准。

西湖龙井冲泡视频

### 一、绿茶玻璃杯泡法

#### 1. 冲泡程序

（1）备器：名优绿茶 6～10 g、玻璃杯（根据品茶人数而定）、玻璃提梁壶、随手泡、水盂、茶叶罐、茶荷、茶匙、茶巾、茶盘、托盘。

（2）煮水候汤：冲泡名优绿茶的温度在 80 ℃，该温度有利于茶叶香气纯正、滋味鲜爽。可将水烧开后凉至 80 ℃后再使用。

（3）温杯洁具：将玻璃杯在茶盘上一字摆开，或呈弧形排放，依次注入 1/3 杯的开水，然后从左侧开始，右手捏住杯身，左手托杯底，由内向外轻轻旋转杯身一周后，将杯中的开水依次倒入水盂。温杯洁具有利于清洁卫生、提高茶杯的温度、散发茶香。

（4）取茶：用茶匙将茶罐中的茶叶轻轻取出 10 g 左右，或由茶罐直接将茶叶倒入茶荷。

(5)赏茶:在茶叶沏泡之前,先请客人欣赏待泡茶叶的形状、颜色,干闻香气等。可根据需要,用简洁语言介绍一下即将冲泡的茶叶品质特征和文化背景,增加品茶情趣。也可以主客边看边交谈赏茶印象,增加品茶交流。

(6)置茶:用茶拨将茶荷中的茶叶一一拨入茶杯中待泡,每 50 mL 容量用茶 1 g。

饮茶小贴士

高档细嫩名绿茶,应选用透明度好的玻璃杯冲泡:

一则增加透明度,便于人们赏茶观姿;

二则以防嫩茶泡熟,失去鲜嫩色泽和清鲜滋味。

(7)温润泡:将适度的开水倾入杯中,水温 80～85 ℃,注水量为茶杯容量的 1/3 左右,泡茶时间掌握在 15 s 以内。温润泡的目的主要是浸润干茶。注意,不要将开水柱直接浇在茶叶上,应打在玻璃杯的内壁上,以避免烫坏茶叶。

(8)摇杯:冲水后轻摇茶杯,帮助茶叶均匀浸润。

(9)冲泡:执开水壶以“凤凰三点头”方式高冲注水,使茶杯中的茶叶上下翻滚,有助于茶叶内含物质浸出、茶汤浓度达到上下一致。一般冲水入杯至七成满即可。

(10)奉茶:右手轻握杯身(注意不要捏杯口),左手托杯底,双手将茶送到客人面前,放在方便客人提取品饮的位置。当放好茶杯后,向客人伸出右手,做出“请”的手势,或说“请品茶”。

**2. 基本要求**

(1)名优绿茶细嫩,加工工艺不发酵,不需要洗茶。在制作过程中,名优绿茶完全可以达到香气十足,不需要二次激发茶香,如果洗茶会减弱名优绿茶的香气和口感。但是大宗绿茶,如用夏天采摘的茶叶制成的绿茶比较粗老,内涵物质不够丰富,可通过洗茶激发一下茶香。

(2)绿茶一般不耐冲泡。绿茶未经发酵,其内含物质丰富,且干茶鲜嫩,第一泡时，其可溶物质及营养成分会析出60%左右，第一泡所含物质最为丰富，第二次冲泡约占30%，第三次为10%左右，第四泡以后则茶汤清淡无味。因此，在正常情况下，绿茶冲泡3泡为佳。

（3）一般冲泡绿茶的茶水比例为1∶50，即3 g茶叶，注入150 mL的水量。

## 二、绿茶盖碗泡法

### 1. 冲泡程序

（1）备具：一只盖碗、若干品茗杯、公道杯、茶叶罐、开水壶、茶荷、茶匙、茶巾、水盂。

（2）赏茶：与玻璃杯的泡法一样，赏茶的目的在于让品茗者了解所泡茶叶的特性。用茶匙拨取适量干茶于茶荷中，双手托起，自左向右展示，同时可向品茗者简单介绍茶叶的外形、色泽及香气。

（3）洁具：掀开盖碗，右手中指、拇指捏住盖钮两侧，食指抵住钮面，将盖掀开，斜放在碗托右侧；依次向碗中注入开水，三成满即可；右手将碗盖稍加倾斜地盖在茶碗上，双手持碗身，双手拇指按住盖钮，轻轻将茶碗旋转三圈，然后将洗杯子的水从盖和碗身之间的缝隙倒入公道杯中，将碗放回碗托上。依次再清洗公道杯与品茗杯。

（4）置茶：右手再次将盖碗掀开，将盖斜着放在碗托右侧。左手持茶荷，右手拿茶匙，将3 g干茶（茶量可根据盖碗容量大小适度增减）依次拨入茶碗中待泡。

（5）冲水：用80 ℃左右的水高冲入碗，不要将水柱直接冲在茶叶上，应该落在盖碗内壁上，冲水量以七八成满为宜；待冲入水后，迅速将碗盖稍加倾斜地盖在茶碗上，使盖沿与碗沿之间有一空隙，避免将碗中的茶叶闷黄泡熟。

（6）出汤：将茶汤从盖沿与碗沿之间的空隙中倒入公道杯中，沥干茶汤。

（7）分汤：将茶汤均匀分到每个品茗杯中。

（8）奉茶：将品茗杯移至托盘中，双手奉给客人，品茗杯应放在客人右手的上方。

**饮茶小贴士**

盖碗有瓷质、玻璃和陶土的，以瓷盖碗最普遍。

盖檐宽，往外撇的盖碗更不易烫手。

盖碗大小以一手可掌握为宜。

**2. 基本要求**

（1）正确使用盖碗，一般使用三指法抓盖碗边缘，不易烫手。

（2）缝隙适中，水位适中，快速出汤。缝隙太小，出汤不顺；缝隙太大，茶叶会倒出来，热气也会烫手。

（3）用盖碗冲泡细嫩绿茶时，出汤之后，应立即完全揭盖，否则容易把茶叶闷熟，使鲜爽度降低，茶汤有苦涩感。

（4）冲泡宜选用山泉水、矿泉水或纯净水。

---

**用水选择**

“水为茶之母，器为茶之父”。足见水在泡茶时的重要性。陆羽在《茶经》中写道：“其水，用山水上，江水中，井水下。”山水，也就是大家讲的山泉水。在福鼎山中，大家泡茶用的水都是直接从山上引流到水缸里的山泉，因其是“活水”“软水”，泡出的茶汤口感格外好。当然，在城市里这是难以实现的。矿泉水和纯净水都可以作为选择，以纯净水为佳。因为矿泉水里所含矿物质偏多，容易影响品鉴茶叶本身的滋味，而且矿泉水里的空气不足，不能称之为真正的“活水”。

---

## 任务考核

**☑基础知识考核**

1. 绿茶属于________茶，名优绿茶一般不洗茶。

2. 冲泡绿茶的温度是________。

3. 使用玻璃杯冲泡绿茶的目的是 ________。

☑操作技能考核

选用玻璃杯和盖碗，正确冲泡西湖龙井、碧螺春、茉莉龙珠，使茶汤色香味俱全。

碧螺春冲泡视频

| 考核项目 | 考核标准 |
| --- | --- |
| 备器洁具 | 准确掌握玻璃杯、盖碗温杯方法。要求动作规范、熟练 |
| 绿茶玻璃杯泡法 | 准确掌握用玻璃杯冲泡绿茶的方法。要求动作规范、熟练，时间把握准确。茶艺操作连贯、自然、美观 |
| 绿茶盖碗泡法 | 准确掌握用盖碗冲泡绿茶的方法。要求动作规范、熟练，时间把握准确。茶艺操作连贯、自然、美观 |

知识链接

**三种投茶法**

明代张源在《茶录》中根据季节变化提出："投茶有序，毋失其宜。先茶后汤，曰下投。汤半下茶，复以汤满，曰中投。先汤后茶，曰上投。春秋中投，夏上投，冬下投。"

绿茶茶类的冲泡，分为上投法、中投法、下投法三种。

上投法：先冲水后投茶，适用于特别细嫩的茶。先将开水注入杯中约七分满（倾茶七分满），待水温凉至 75 ℃左右时，将茶叶投入杯中，稍后即可品茶。采用上投法泡茶，对茶选择较强，细嫩名优绿茶一般用上投法，如碧螺春、信阳毛尖等；对于松散型或毛峰类茶叶，上投法是不适宜的，否则会使茶叶浮在汤面。

中投法：先将开水注入杯中约 1/3 处，待水温凉至 80 ℃左右时，将茶叶投入杯中，少顷，再将约 80 ℃的开水徐徐加入杯中至七分满处，稍后即可品茶。一般如龙井、六安瓜片、绿阳春等大多采用中投法。

下投法：先投茶后注水，适合于茶条松展的茶。先将茶叶投入杯中，再用 85 ℃左右的开水加入其中至约 1/3 处，约 15 s 后再向杯中注入 85 ℃的开水至七分满处，稍后即可品茶。

知识链接

### 绿茶茶艺解说

（一）初识仙姿（赏茶）

龙井茶外形扁平光滑，享有色绿、香郁、味醇、形美“四绝”之盛誉。优质龙井茶，通常以在清明前采制的为最好，称为明前茶；在谷雨前采制的稍逊，称为雨前茶，而谷雨之后的就非上品了。有诗云“烹煎黄金芽，不取谷雨后”。

（二）再赏甘霖（煮水）

“龙井茶、虎跑水”是杭州西湖双绝，冲泡龙井茶必用虎跑水，如此才能茶水交融，相得益彰。今天我们选用的是××××山泉水。请来宾品赏这甘霖清冽的佳泉。

（三）静心备具（温杯）

冲泡高档绿茶要用透明无花的玻璃杯，以便更好地欣赏茶叶在水中上下翻飞、翩翩起舞的仙姿，观赏碧绿的汤色、细嫩的茸毫，领略清新的茶香。冲泡龙井茶更是如此。现在，将水注入将用的玻璃杯，一来清洁杯子，二来为杯子增温。茶是圣洁之物，泡茶人也有一颗圣洁之心。

（四）悉心置茶（投茶）

“茶滋于水，水藉于器”。茶与水的比例适宜，冲泡出来的茶才能不失茶性，又充分展示茶的特色。置茶要心态平静，敬茶惜茶，是茶人应有的修养。

（五）温润茶芽（润茶）

采用“回旋斟水法”向杯中注水少许，以1/4杯为宜，温润的目的是浸润茶芽，使干茶吸水舒展，为将要进行的冲泡打好基础。

（六）悬壶高冲（凤凰三点头）

温润的茶芽已经散发出一缕清香，这时高提水壶，让水直泻而下，接着利用手腕的力量，上下提拉注水，反复三次，让茶叶在水中翻动。这一冲泡手法，雅称“凤凰三点头”。三点头像是对客人鞠躬行礼，是对客人表示敬意，同时也表达了对茶的敬意。

（七）甘露敬宾（奉茶）

客来敬茶是中国的传统习俗，也是茶人所遵从的茶训。将自己精心泡制的清茶与新朋老友共赏，别是一番欢愉。让我们共同领略这大自然赐予的绿色精英。

（八）辨香识韵（闻香、看叶底）

评定一杯茶的优劣，必从色、形、香、味入手。龙井是茶中珍品，素有“色绿、香郁、味甘、形美”四绝佳茗之称。

（九）再悟茶语

绿茶大多冲泡三次，以第二泡的色香味最佳。初品龙井茶时，会感清淡，需细细体会，慢慢领悟。正如清代茶人陆次之所说：“龙井茶，真者甘香而不洌，啜之淡然，似乎无味，饮过后，觉有一种太和之气，弥漫于齿颊之间，此无味之味乃至味也。”品赏龙井茶，像是观赏一件艺术品。透过玻璃杯，看着上下沉浮的茸毫，看着碧绿的清汤，看着娇嫩的茶芽，龙井茶仿佛是一支春天的歌、一幅春天的画、一首春天的诗。让人置身在一派浓浓的春色里，生机盎然，心旷神怡。

（资料来源：https://www.douban.com/note/581446130/?_i=5882121wFRBNV9）

# 任务二　黄茶冲泡

## 任务描述

通过完成本次学习任务，将掌握冲泡黄茶的基本流程和一般技法。

## 任务目标

**知识目标：** 初步掌握黄茶的冲泡步骤和方法；能规范使用各种茶具，做到操作手势正确；学会从色、香、味、形品饮茶叶。

**能力目标：** 通过实操训练，提高动手操作能力、创新能力；在进行茶叶冲泡活动中，提高表达能力；具备初中级茶艺师茶叶冲泡和茶事服务的能力。

**素质目标：** 培养良好的礼仪风范，提高审美情趣。

## 任务准备

（1）对拟冲泡的茶叶进行质量检查。

（2）掌握黄茶的不同冲泡方法，并准备好相应的泡茶器具。

## 任务实施

黄茶具有细嫩、新鲜、匀齐、纯净等特点，黄茶按嫩度和芽叶的大小可以分为黄芽茶、黄小茶、黄大茶三种。黄茶是一种具有很高的品茶价值的茶种，采用正确的方式冲泡，才能轻松泡出黄茶的好滋味。

### 一、黄茶玻璃杯泡法

如果冲泡黄芽茶和黄小茶，则可借鉴绿茶的冲泡方式；如果冲泡黄大茶，则可以用玻璃盖碗冲泡。

## 二、黄茶盖碗泡法

**1. 冲泡程序**

(1)备具:一只 150 mL 玻璃盖碗、若干品茗杯、公道杯、茶叶罐、开水壶、茶荷、茶匙、茶巾、水盂。

(2)赏茶:与介绍绿茶一样,介绍茶叶的外形、色泽及香气。

(3)洁具:同冲泡绿茶的温盖碗方式一样。

(4)置茶:左手持茶荷,右手拿茶匙,将干茶依次拨入茶碗中待泡。

(5)冲水:用 95 ℃左右的水高冲入碗、旋转一圈、定高注水的方式,注水至盖碗三分之一处。

(6)浸润:双手捧起盖碗,轻摇浸润,让茶叶完全吸收水分。

(7)再次冲水:定点拉高注水,让茶叶在碗中旋转起来。

(8)出汤:盖上盖子,将茶汤倒入公道杯中,沥干茶汤。

(9)分汤:将茶汤均匀分到每个品茗杯中。

(10)奉茶:将品茗杯移至托盘中,双手奉给客人,品茗杯应放在客人右手的上方。

**2. 基本要求**

(1)黄茶不耐泡,以冲泡 4～5 次为宜。

(2)在第 3、4 泡时,如果想使茶汤味道浓些,具体做法是斜盖坐杯,延缓出汤速度,10～15 s 出汤。

(3)茶叶的量要跟茶具适配,控制好浸泡时间。

### 任务考核

**☑基础知识考核**

1. 黄茶属于________茶,名优黄茶一般不洗茶。

2. 黄茶冲泡好后，其品质特点是________。

☑**操作技能考核**

选用玻璃杯或盖碗，正确冲泡君山银针、皖西黄大茶，使茶汤色香味俱全。

| 考核项目 | 考核标准 |
| --- | --- |
| 备器洁具 | 准确掌握玻璃杯、盖碗温杯方法。要求动作规范、熟练 |
| 玻璃杯冲泡黄茶 | 准确掌握用玻璃杯冲泡黄茶的方法。要求动作规范、熟练，时间把握准确。茶艺操作连贯、自然、美观 |
| 盖碗冲泡黄茶 | 准确掌握用玻璃杯、盖碗冲泡黄茶的方法。要求动作规范、熟练，时间把握准确。茶艺操作连贯、自然、美观 |

知识链接

### 黄茶茶艺解说

第一道：恭请上座。邀请各位茶友上座，耐心等待，准备欣赏君山银针的泡制茶艺。

第二道：芙蓉出水。茶艺表演者在冲泡君山银针之前一定要先将双手用清澈透明的泉水清洗干净，茶艺表演者的纤纤玉指在水中来回波动时，恰似芙蓉出水。

第三道：生火煮泉。冲泡君山银针所用之水，水温和水质都是很有讲究的，今天所煮之水是来自君山岛的泉水。水是生命之源，茶是灵魂之饮。茶中有道，水中亦有道，宜茶之水分为“五诀”，即清、活、轻、甘、冽。

第四道：银针出山。“湖光秋月两相和，潭面无风镜未磨。遥望洞庭山水翠，白银盘里一青螺”。每年清明节前后大约五天左右是君山银针的采摘期，君山银针需要采摘单一茶芽，经过 8 道工序，历时 72 小时制作而成，大约 5 万个茶芽才能制作成 1 公斤君山银针。

第五道：银盘献瑞。请仔细观看，君山银针芽身黄似金，茸毫如玉，芽头壮实，紧结挺直。看茶如观景，鉴茶如赏玉。

第六道：湘妃洒泪。“君妃二魄芳千古，山竹诸斑泪一人”。相传在四千多年之前，舜帝南巡，然而久去未归，其爱妃娥皇、女英寻其至洞庭山时，却得知舜帝在九嶷山驾崩，二人伤心欲绝，攀竹哭泣，泪洒竹竿，遂成斑竹。不久之后，二妃抑郁成疾，不治而亡，葬于洞庭山之上，从此以后，洞庭山便改名为“君山”。

第七道：金玉满堂。将 4～5 克君山银针投入晶莹的水晶玻璃杯中，金黄闪亮的茶芽缓缓降落杯底，高低不同，错落有致，姿态万千，恰如洞庭湖中君山小岛的七十二座山峰，同时也象征着各位茶友幸福的家庭、美满的生活、辉煌的未来。

第八道：气蒸云梦。“八月湖水平，涵虚混太清，气蒸云梦泽，波撼岳阳城”。茶艺表演者运用凤凰三点头的手法将水冲至七分满。玻璃杯上方升起的浓浓热气，像唐诗意象“气蒸云梦”；而杯中正在翻腾的沸水如洞庭湖水一般，惊涛拍起千重浪，恰似烟波撼动岳阳城。

第九道：风平浪静。在沸水冲入茶杯中之后，用玻璃片轻轻盖住杯口，这样是为了保持水温，以利于银针竖立起来。

第十道：雾锁洞庭。银针冲泡以后，便会呈现出八景奇观，这是一个逐时变幻的过程，需要耐心地等待、静心地欣赏。杯中的热气慢慢地形成一团白色云雾，如同君山岛上缭绕的云雾一样。正所谓杯中看茶舞，八景呈奇观。

第十一道：雀舌含珠。因为茶芽中含有空气，因此吸水之后便会产生很多气泡，微微张开的茶芽形状极似雀鸟之舌。

第十二道：列队迎宾。茶芽悬浮于水面之上，排列整齐而有序，寓意着热烈欢迎各位嘉宾的到来。

第十三道：仙女下凡。茶芽慢慢吸收水分，徐徐降落杯底，恰如天女散花般美艳绝伦。

第十四道：三起三落。茶芽沉入杯底之后，忽而升起，忽而降落，极具变化之能事。能起落的芽头数量并不是很多，一个芽头起落三次，更是实属罕见，“三起三落”，正是“未饮清香涎欲滴，三浮三落见奇葩”。

第十五道：春笋出土。这是君山银针最具观赏价值的一道风景，也是所有考验中的最后一个阶段，即茶芽如雨后春笋一样竖立于杯底。

第十六道：林海涛声。茶芽竖立于杯底，芽光与水色浑然一体，叠翠堆绿，妙趣横生，轻轻摇动茶杯，茶芽缓慢摆动，“林海涛声”遂隐约可闻。

第十七道：白鹤飞天。移去杯盖以后，杯中升起一股蒸汽，犹如一群白鹤飞上碧蓝的天空。

第十八道：敬奉佳茗。将冲好的君山银针敬献给茶友。

第十九道：玉液凝香。鼻品君山银针，积淀着厚重的茶文化书香，有联为证：“杜少陵五言绝唱，范希文两字关情，藤子京百废俱兴，吕纯阳三过必醉”。

第二十道：三啜甘露。口品茶之甘甜醇美，回想茶芽“三起三落”的现象，问味茶汤“先苦后甜”的滋味，回韵景观“上下浮动”的奥妙。

第二十一道：尽杯谢茶。“君山茶叶贡毛尖，配以洞庭白鹤泉。入口醇香神作意，杯中白鹤上青天”。醉翁之意不在于酒，而品茶之韵亦不在于茶，茶中有道，品茶是悟道。

（资料来源：https://www.puercn.com/huangcha/paofa/169901.html）

知识链接

## 茶文化与工匠精神

茶一直是承载中华传统文化的一张芳香名片，更是连接中国与世界的桥梁，逐渐形成自己独特气质的茶文化、茶道等，被人们作为传承中国传统文化和中国精神的重要载体。中国茶叶曾经垄断世界茶叶市场，中国的各大名茶更是享誉海外。据有关数据统计，目前中国茶叶种植面积已占全球种茶面积的61%左右；茶产量居世界第一，占全球产量的45%中国茶的品质在世界上有目共睹。

工匠精神促使制茶工艺技法精益求精。在中国茶文化中，饮茶时更加注重茶本身，因此对于茶叶种植、采摘、制作以及冲泡的每道工序都凝神聚力。早在陆羽《茶经》中便有关于茶树生长环境和茶叶采摘时期的精准记载。“茶者，南方之嘉木也……其地，上者生烂石，中者生砾壤，下者生黄土。野者上，园者次。”又云：“凡采茶，在二月、三月、四月之间……其日有雨不采，晴有云不采；晴，采之、蒸之、捣之、焙之、穿之、封之、茶之干矣。”

各类茶叶悠久历史的制茶工艺被列入“非遗”项目，从选育到适制再到量产，积淀了一代代制茶人的心血、经验、技巧，不断推陈出新变革成果，延续着传承的活力。多年来工艺求精为打造品牌传承提供了坚实的基础。

在文人墨客眼中高雅、醇香的茶叶，终究离不开孕育它的茶田，离不开茶农的培育、加工，离不开严谨、钻研、勤奋的工匠精神，高品质的茶叶背后是传承了几代人的工匠精神。

中国茶文化重视色香味，强调茶与器之间的和谐，在择器上以是否“宜茶”，是否能够达到与茶相得益彰的视觉效果等为重要评价标准。以茶碗为例，唐代看重青瓷是因为“越瓷青而茶色绿”，宋代斗茶推崇黑瓷是为了“取其焕发茶采色也”，明清追求白瓷或青花瓷是源于“注茶则清白可爱”。从功能上来看，以适合斗茶的束口盏为例，盏口附近有束口线，亦称“注水线”，指的是在距离盏口 1.5～2 cm 处的内壁上形成的凸棱，用于表明注水时的界限。由此既可以掌握水的分量，又可以避免茶汤外溢。又如泡茶用的白瓷茶碗，选择白瓷是为了“不损茶色”，为了便于观察茶水色泽以及茶芽在水中的舒展变化，而以小为贵的理由是利于香气聚拢。工匠精神中勇于开拓的一面，促使茶人们不断钻研新的宜茶器物，茶器也随着饮茶方式的变化而不断变迁。

工匠精神不仅体现在茶叶种植和制作工艺上，也体现在精美的茶具、优雅的茶艺、创新的茶叶使用技巧上。比如，紫砂壶制作堪称工匠精神的典范。宜兴以陶都著称，宜兴的紫砂工艺甲天下，在宜兴，爱茶者必有一把宜兴紫砂壶。宜兴紫砂壶朴素简约，简单的线条配上好的泥料，殊不知一把不起眼的紫砂壶的制作工序，有近五十个环节，上百道工序，一点不吹嘘。从打泥片到烧制，从刻字到整口，制作一把纯手工的紫砂壶大概要两到三天，成品还要几天，如果再加上刻绘，就更复杂。一把全手工壶，严格按要求，大约用到一百二十件的制作工具，在制壶中，工匠要逐一熟练运用这些工具并发挥其作用，才能制作出工艺精湛、造型完美的作品。工匠精神促使饮茶器物不断创新和与时俱进。

茶文化在中国源远流长，影响了五千年的中华文明乃至世界文明。青年一代应该以“茶”为媒，培养工匠精神，在沏茶、赏茶、饮茶、茶艺学习中发扬茶德、传播茶道、修身养性、陶冶情操，真正感受和体验茶人的专注、创新和精益求精的工匠精神，从而学以致用，培养从业精神，增强社会责任感。

工匠精神还体现在采茶人的艰辛付出上。茶树受雨量、温度、海拔、日光等自然环境影响，一般种在丘陵地带和山坡上。一些古树茶往往分布在千米左右的海拔地区，山路崎岖泥泞，采茶人的艰辛和不易可想而知。

在地方特色茶文化传承过程中，各地的茶人们坚守一方，无私奉献，为茶文化推广献计献策。例如，与当地政府携手依靠丰富的历史人文资源，筹划茶文化公园、茶博物馆，开办茶叶职业学校，举办茶文化高峰论坛，积极打造茶文化与旅游相结合的茶之旅项目等，不断贡献自己的力量。这些努力背后是中国人的无私和韧性，也是不断奉献、敬业爱岗的工匠精神的具体体现。

## 任务三　白茶冲泡

### 任务描述

通过完成本次学习任务，掌握盖碗和茶壶冲泡白茶的基本流程和一般技法。

### 任务目标

**知识目标**：初步掌握白茶的冲泡步骤和方法；根据白茶的种类以及品质特征，用不同方法进行冲泡；能规范使用各种茶具，做到操作手势正确；学会从色、香、味、形品饮茶叶。

**能力目标**：通过实操训练，提高动手操作能力、创新能力；在进行茶叶冲泡活动中，提高表达能力；具备初中级茶艺师茶叶冲泡和茶事服务的能力。

**素质目标**：培养良好的礼仪风范，提高审美情趣。

### 任务准备

(1)对拟冲泡的茶叶进行质量检查。

(2)掌握白毫银针、白牡丹、寿眉的不同冲泡方法，并准备好相应的泡茶器具。

## 任务实施

“茶滋于水，水籍于器”。泡茶讲究细致的操作流程。白茶分为不同的等级，适合用盖碗冲泡的有白牡丹、贡眉、寿眉，而白毫银针用玻璃杯泡更适合观赏。

白茶冲泡较为简单，分为温杯、投茶、冲泡、出汤四个步骤，总体来说，需要注意水温、投茶量、出汤时间等。而泡好一杯茶，也需要不断的练习。

下面介绍用盖碗泡白茶的技巧和注意的细节。

白茶冲泡视频

### 一、白茶盖碗冲泡法

**1. 冲泡程序**

(1)备具：一只 150 mL 瓷质盖碗、若干品茗杯、茶叶罐、开水壶、茶荷、茶匙、茶巾、水盂。

(2)赏茶：介绍茶叶的外形、色泽及香气。

(3)洁具：同冲泡绿茶的温盖碗方式一样。

(4)置茶：左手持茶荷，右手拿茶匙，将 5 g 干茶依次拨入茶碗中待泡。

(5)注水：向盖碗中注入 90～95 ℃的开水，盖上碗盖，将第一道茶水倒在水盂，此为洗茶，一般新白茶可不洗，老白茶需要洗茶。

(6)再次注水：控制茶水比例在 5∶150 左右。

(7)出汤：将茶汤倒入公道杯中。

(8)分汤：将茶汤均匀分到每个品茗杯中。

(9)奉茶：将品茗杯移至托盘中，双手奉给客人，品茗杯应放在客人右手的上方。

**2. 基本要求**

(1)冲泡白毫银针，水温不宜过高，90 ℃左右即可。其一，茶芽纤长细嫩；

其二，等级较高的银针浑身披满白毫，冲泡时，热水不可直冲茶芽，应当沿杯（或壶）壁冲入，这样做有两个好处，既不会损伤茶芽品相，又不至于因为茶芽大量脱毫令茶汤变浊而影响汤色的美感。白毫银针茶形虽然纤小细嫩，因为茶芽肥壮丰腴，出汤时间较长，十分耐泡，即便泡至十道，汤色犹在，虽然口味淡了不少，但还是可以从中品到其余韵。

（2）白牡丹一芽一两叶，旗枪兼具，茶芽细嫩纤巧，茶叶粗犷豪放，水温不可过低，低则茶味难出，水温若是太高，会伤及茶芽。所以，白牡丹的冲泡温度最好控制在 90～100 ℃之间。其他泡法与技巧类似白毫银针的冲泡要求。

（3）寿贡皆以茶叶为主，其形粗放，尽显古朴之风，所以冲泡时水温可在 100 ℃，可适当延长冲泡时间，使茶汤更醇厚。

## 二、白茶壶泡法

寿眉是白茶的一种，一般五六年的寿眉就可算是老寿眉。寿眉非常适合用茶壶进行冲泡。常喝寿眉好处多多，有退热、解毒、祛暑、明目等作用，老寿眉更被称之长寿茶。可根据人数、茶量选择容量大小合适的壶，用 100 ℃的开水进行冲泡。

**1. 冲泡程序**

（1）备具：一只陶瓷茶壶、若干品茗杯、公道杯、茶叶罐、开水壶、茶荷、茶匙、茶巾、水盂。

（2）赏茶：介绍茶叶的外形、色泽及香气。

（3）洁具：将开水注入茶壶，温热茶壶。之后再将茶壶中的水倒入公道杯中，依次清洁公道杯与品茗杯。

（4）置茶：左手持茶荷，右手拿茶匙，将 5 g 干茶依次拨入茶壶中待泡。

（5）注水：将 100 ℃的开水注入壶中，盖上壶盖，将第一道茶水弃之不用，进行洗茶。将茶叶静置于壶中，充分醒茶后再冲泡。

(6)再次注水:闷泡 10 s。

(7)出汤:将茶汤倒入公道杯中。

(8)分汤:将茶汤均匀分到每个品茗杯中。

(9)奉茶:将品茗杯移至托盘中,双手奉给客人,品茗杯应放在客人右手的上方。

**2. 基本要求**

(1)寿眉冲泡时水温可 100 ℃。

(2)老寿眉十分耐泡,一般都能泡上十余泡,而且滋味不减。

---

**白茶的香气**

用 90 ℃到 95 ℃的开水泡制老白茶和新茶,茶水分别倒于瓷器小茶杯中,接着就是闻香品茗了。老白茶的香气清幽略带毫香,且头泡带有淡淡的中药香味,数秒即可醒神,口味醇厚,清甜充斥于口中。新茶毫香幽幽,滋味鲜爽,口感较为清淡,有茶青的生叶味,清甜回甘,茶香怡人。老白茶茶汤颜色较新茶的杏黄深。

---

## 任务考核

**☑基础知识考核**

1. 白茶属于________茶。

2. 白毫银针冲泡好后,其品质特点是________。

3. 白牡丹适合用________茶具冲泡。

**☑操作技能考核**

选用白瓷盖碗或陶瓷茶壶,正确冲泡白毫银针、白牡丹、寿眉,使茶汤色香味俱全。

| 考核项目 | 考核标准 |
| --- | --- |
| 备器洁具 | 准确掌握白瓷盖碗或陶瓷茶壶的温洁杯具方法。要求动作规范、熟练 |
| 盖碗冲泡白茶 | 准确掌握用白瓷盖碗冲泡白茶的方法。要求动作规范、熟练，把握出汤时间，茶艺操作连贯、自然、美观 |
| 茶壶冲泡白茶 | 准确掌握用陶瓷茶壶冲泡白茶的方法。要求动作规范、熟练，出汤时间把握准确。茶艺操作连贯、自然、美观 |

知识链接

## 白瓷盖碗的优势

工欲善其事，必先利其器。选好合适的茶具，能够事半功倍，泡出白茶鲜香醇爽的精髓。

泡白茶首选的茶具，是白瓷盖碗。盖碗适合冲泡六大茶类中的绝大多数。即便是绿茶，虽然主流泡法是玻璃杯，但只要控制好茶水比例，用盖碗也未尝不可。家中常备盖碗，便能随时泡茶。

相比其他茶具，白瓷盖碗的优势十分突出。

首先，白瓷盖碗的光泽度好，光滑、耐高温、稳定性强。白如凝脂，素尤积雪，纯净温润。细腻的釉质，毛孔细小，让白茶的品质可以原原本本地呈现出来，也不会吸附茶叶的香气和滋味。换言之，用盖碗泡出来的白茶汤，最为原汁原味。

其次，白瓷盖碗利于快出水。优质的白茶，不能闷泡。闷泡，意味着茶叶中的苦涩物质将会过量释放，比如茶多酚和咖啡碱物质。所以闷泡后的茶汤，将会变得浓酽苦涩，丧失鲜爽感。大家可以根据白茶的条形大小，适当调整开口，从而让水流呈瀑布状出汤。在最短的时间内，完成“快出水”。在水质和水温都适当的情况下，冲泡出风味绝佳的茶汤来。

最后，白瓷盖碗方便清洗。盖碗清洁十分简便，只要喝茶结束后及时用清水洗净即可。如果担心留下茶垢，还可以用小苏打或纳米擦清洁，洗干净后的盖碗，光亮如新。没有卫生死角，喝起来更安全。

如此一来，朴素简洁的白瓷盖碗和工艺简朴的白茶，是天生一对。

（资料来源：https://www.360kuai.com/pc/916ae4fd955917d0d?cota=3&kuai_so=1&sign=360_57c3bbd1&refer_scene=so_1）

知识链接

### 保温杯闷泡

用保温杯闷泡寿眉这种方式尤其适合办公室或出差，一壶浓浓的寿眉不仅能保证身体所需水分，而且能减轻身体负担，调节情绪。在出差的时候带上一壶茶水，也能缓解旅途疲劳，并补充水分。

投茶：建议闷泡比例，2 g 茶加入 300 mL 热水（如果没有秤，可根据自己的口味选择与自己的杯子相适应的茶量，只要自己觉得适口即可）。

润茶：在闷泡前先用沸水润茶叶 30～60 s，弃去茶水。

闷泡：在茶叶润洗后，注入沸水，闷泡 60 min 左右即可饮用，这里要注意闷泡的时间不要超过 4 h。

口味：虽然闷泡不如煮茶那般爽滑，但带有枣香味的汤水更加厚重饱满，有糯叶的香气，口味自然。

# 任务四　乌龙茶冲泡

## 任务描述

通过完成本次学习任务，掌握用紫砂壶和潮汕工夫冲泡乌龙茶的基本流程和一般技法。

## 任务目标

**知识目标**：初步掌握乌龙茶的冲泡步骤和方法；根据乌龙茶的种类以及品质特征，用不同方法进行冲泡；能规范使用各种茶具，做到操作手势正确；学会从色、香、味、形品饮茶叶。

**能力目标**：通过实操训练，提高动手操作能力、创新能力；在进行茶叶冲泡活动中，提高表达能力；具备初中级茶艺师茶叶冲泡及茶事服务的能力。

**素质目标**：培养良好的礼仪风范，提高审美情趣，享受生活乐趣。

## 任务准备

(1)对拟冲泡的茶叶进行质量检查。

(2)掌握铁观音、凤凰单枞、武夷岩茶的不同冲泡方法，并准备好相应的泡茶器具。

## 任务实施

### 一、乌龙茶紫砂壶泡法

武夷岩茶是中国传统名茶，产于福建闽北的世界遗产保护地武夷山一带。

属于乌龙茶，制作方法介于绿茶与红茶之间，以岩骨花香的独特岩韵著称，具有绿茶之清香，红茶之甘醇，是中国乌龙茶中之极品。下面以武夷正岩肉桂为例，介绍使用紫砂壶进行冲泡的程序和要求。

**1. 冲泡程序**

(1)洁具：倒入 1/3 壶的开水，轻微摇晃壶身，使茶壶受热均匀。温壶之后将水倒入公道杯、品茗杯中，清洗茶具。

(2)赏茶：用茶则从茶叶罐中拨取适量茶叶入茶荷，供宾客欣赏干茶的外形及香气。

(3)置茶：用茶匙拨取茶叶入壶，茶量无需过多，约占壶的三成满即可。

(4)洗茶：悬壶高冲注入开水，高冲可以让茶叶在水的激荡下充分浸润，第一次可注满水，直至壶口。用壶盖轻轻刮去漂浮的白泡沫，使茶水清新洁净。洗茶时间控制在两三秒，然后将第一道茶水弃之不用，是为洗净茶叶中的杂质。

(5)泡茶：再次注水（水量盖过茶叶叶面即可），并盖上壶盖。期间用沸水均匀淋冲壶身外，一来能够冲去黏附于壶外的茶沫；二来内外夹攻也能起到温养茶壶的作用。

(6)出汤：把冲泡后茶汤倒入公道杯中。

(7)分汤：将茶汤均匀分到每个品茗杯中。

(8)奉茶：将品茗杯移至托盘中，有礼貌地将茶奉到宾客面前，请宾客品饮。

**2. 基本要求**

(1)水温控制：水温在 100 ℃，有条件用铁壶保持高温或者每次冲泡时将温度一直保持在 100 ℃为佳。

(2)茶水比例：茶量和茶器具的容量应匹配。茶水比 1∶20，一般使用 7～8 g 茶叶。

(3)出汤时间：头三泡高冲低斟注水，原则上快进快出，第 4～6 泡后低斟入水，适当坐杯与闷泡，匀缓出汤。每次出汤尽量把每泡茶水沥干，还原茶汤原本的滋味。

(4)冲泡技巧:根据焙火的程度,可适当醒茶,将茶叶置于茶则中与空气接触氧化3～5分钟。

(5)器具选择:器具选择上,用紫砂、盖碗、柴烧陶壶均可。武夷岩茶品种多,香型各异,无论新岩茶、老岩茶都可用紫砂壶冲泡,关键正确地选择紫砂壶的泥料和壶型。

(6)用心冲泡:用心冲泡,静心品茗,感受每一次冲泡后茶汤的变化和层次,适当调整冲泡手法。

## 二、乌龙茶功夫泡法

潮州工夫茶艺是广东省潮汕地区特有的传统饮茶习俗。潮汕茶道,是中国茶艺中最具代表性的一种,是融精神、礼仪、沏泡技艺、巡茶艺术、评品质量为一体的完整的茶道形式,既是一种茶艺,也是一种民俗。潮州工夫茶被列入国家级非物质文化遗产代表性项目名录。

在潮州所产的茶叶中,凤凰单丛素以其气味清香、耐冲耐泡以及各种自然花香味而闻名于世。下面将介绍用功夫茶白瓷杯组冲泡凤凰单丛。

**1. 冲泡程序**

(1)温杯洁具:用沸水将盖碗、品茗杯等进行烫盏。

(2)投茶:将凤凰单枞投到盖碗中,投茶量一般应控制在6～7分满。

(3)洗茶:环冲注水,洗茶要快。

(4)冲泡:将100 ℃沸水高冲到盖碗里,入水只要水盖过茶叶即可,不宜过多。

(5)斟茶:斟茶时,盖碗尽量靠近品杯,俗称“低斟”,可以防止茶汤香气和热量的散失。倾茶入杯时,茶汤从斜置的盖碗和碗身的缝隙中倒出,并在品茗杯中来回轮转,称为“关公巡城”。茶汤倾毕,尚有余滴,须一滴一滴依次巡回滴入各个茶杯中,称为“韩信点兵”。

(6)奉茶:将品茗杯移至托盘中,双手奉给客人,或请宾客自行从茶承上取杯品饮。

(7)品茗:先闻其香,后尝其味,边啜边闻,浅酌细饮。

凤凰单丛冲泡视频

**2. 基本要求**

(1)所谓工夫茶,并非一种茶叶或茶类的名字,而是一种泡茶的技法与茶具的结合。

(2)“工夫茶”对茶具、茶叶、水质、沏茶、斟茶、饮茶都十分讲究。工夫茶壶或者盖碗很小,只有拳头那么大,薄胎瓷,半透明,从外隐约能见壶内茶叶。茶叶选用色香味俱全的乌龙茶,以半发酵的为最佳。

(3)所使用的器具一般是三才盖碗加三杯(也可一壶三杯),使用三个杯子,寓意三杯为品,也象征着“一生二,二生三,三生万物”的世界观与人生观。

(4)斟茶时,三个茶杯放在一起,不能斟满了这杯再斟那杯,而要轮流不停地来回斟,以免出现前浓后淡的情况。

**泡武夷岩茶，用紫砂壶还是盖碗更适合？**

紫砂壶并不是武夷岩茶的绝配，因为紫砂壶为独特的双气孔结构，壶壁上的毛孔较大。当我们将沸水倒入紫砂壶内，毛孔受热而张开，此时会吸附一部分来自茶叶的香气，待冷却之后，这些毛孔恢复之前的状态，于是这些茶香便留在了紫砂壶内，下次注入沸水时，又会吐出这些香气，吸附新的茶香。

这样的结构，造就了紫砂壶的“留香”特性，一把养了许久的紫砂壶，即便冲泡白开水也能带有茶味。但紫砂壶也有明显问题，那就是会吸收一部分茶香，而香气又是武夷岩茶不可或缺的组成。因此，选择泥料和壶型也有讲究，如新茶还是老岩茶，是选择透气性好、导热快的紫砂壶？还是胎体厚实、高身桶的紫砂壶，也各有区别。不仅如此，为了防止不同茶叶之间的香气混杂，紫砂壶有“一茶一壶”的讲究，但武夷岩茶光是品种就有上千种，若是要做到“一茶一壶”，在茶具上的投资未免过于庞大。

## 任务考核

☑基础知识考核

1. 乌龙茶属于________茶。
2. 铁观音冲泡好后，其品质特点是________。
3. ________是中国古老的传统茶文化中最有代表性的茶道。

☑操作技能考核

选用白瓷盖碗或紫砂壶，正确冲泡凤凰单丛、武夷岩茶、铁观音，使茶汤色香味俱全。

| 考核项目 | 考核标准 |
|---|---|
| 备器洁具 | 准确掌握白瓷盖碗或紫砂壶温杯洁具的方法。要求动作规范、熟练 |
| 盖碗冲泡乌龙茶 | 准确掌握用白瓷盖碗冲泡乌龙茶的方法。要求动作规范、熟练，时间把握准确。茶艺操作连贯、自然、美观 |

续表

| 考核项目 | 考核标准 |
| --- | --- |
| 茶壶冲泡乌龙茶 | 准确掌握用紫砂壶冲泡乌龙茶的方法。要求动作规范、熟练，时间把握准确。茶艺操作连贯、自然、美观 |

乌龙茶冲泡视频

知识链接

### 乌龙茶茶艺解说

(1)鉴赏香茗：用茶则从茶藏中取出一壶量的茶叶，置于赏茶荷中并鉴赏。

(2)孟臣淋霖：用沸水浇壶身，目的在于为壶体加温，即所谓“温壶”。

(3)乌龙入宫：将茶叶用茶匙拨入茶壶，装茶的顺序是先细再粗后梗。

(4)悬壶高冲：向孟臣罐中注水，水满壶口为止。

(5)春风拂面：用壶盖刮去壶口的泡沫。

(6)重洗仙颜：迅速例出壶中之水，是为洗茶，目的洗去茶叶表面的浮尘。

(7)若琛出浴：用第一泡茶水烫杯，又谓温杯，转动杯身，如同飞轮旋转，又似飞花观舞。

(8)玉液回壶：用高冲法再次向壶里注满沸水。

(9)游山玩水：执壶沿茶船运转一圈，滴净壶底水滴，以免水滴落入杯中。

(10)关公巡城：循环斟茶，茶壶似巡城的关羽，目的是使杯中的茶浓度一致，且低斟为不使香气过多散失。

(11)韩信点兵：巡城至茶汤将尽时，将壶中所余茶水斟于每一杯中，这些是全壶茶汤中的精华，应一点一滴平均分注，因此称韩信点兵。

(12)敬奉香茗：先敬主宾，或以老幼为序。

(13)品茗审韵：先闻香、后品茗，品茗时，以拇指与食指扶住杯沿，以中指抵住杯底，俗称“三龙护鼎”。品饮分三口进行，“三口方知味，三番方动心”，茶汤香醇甘爽，回味无穷。

(14)高冲低筛：冲泡第二泡茶，重复九、十、十一步。

(15)若琛复浴：同若琛出浴。

(16)重斟妙香：重复九、十、十一步。

(17)再识醇韵：重复十三步。

(18)三斟流霞：冲泡第三泡茶。

知识链接

**好单丛工艺深，老手艺，真工夫**

单丛茶产自粤东凤凰山，高海拔，高质量，是一款高香型茶。单丛色、香、味俱全，堪称乌龙茶中奇葩，更具有独特的山韵味，是其他单丛茶无法比拟的。

单丛茶，是名副其实的工夫茶，体现出中国茶的工匠精神！如果没有亲历制茶师的工作，那么无法体会到一泡茶的诞生要经历多少心血与执着！

制作单丛茶，必须在选材、时辰、时间、气候、湿度、温度、力度、火候等环节严按古法的规矩操作，一丝不苟。例如，单丛茶采摘一般于午后进行，当晚加工，制茶均在夜间进行。经晒青、晾青、碰青、杀青、揉捻、烘焙等工序，历时十几个小时制成初茶；根据茶的韵香特点，进行木炭焙火，整个过程长达36小时，每2小时翻动一次，制茶师全程守候，拿捏温度火候，纯手工，真工夫，用心呵护。

多少个日夜，不眠不休。从开始到结束，一刻也不可懈怠，只为追求品质。凭着精益求精的精神，对自然的敬意、对茶爱惜的信念和认知，对茶事的执着，乌龙茶的制茶师绝对是茶行业中最值得尊敬的“匠人”。

# 任务五　红茶冲泡

## 一、红茶盖碗冲泡法

不同的红茶采用不同的方法来泡饮。中国人喜欢“清饮”红茶，注重品味其色、香、味、形，因此大多饮用工夫红茶；西方人喜爱在红茶茶汤中增加牛奶、砂糖、柠檬等来“调饮”，因此多饮用红碎茶和袋泡茶。下面将介绍用盖碗冲泡金骏眉的冲泡程序和要求。

**1. 冲泡程序**

(1)洁具：用沸水依次烫洗盖碗、公道杯、茶杯等，既清洗茶具，又烫热盖碗。

(2)醒茶：用茶匙取出5 g金骏眉茶叶，放入烫热的盖碗中，盖上盖子晃动，让盖碗内壁的热量激发金骏眉的香气。

金骏眉冲泡视频

**饮茶小贴士**

泡金骏眉时，前5泡都不用依次增加浸泡时间，都是快出水。等连续冲泡多次，茶味被大量消耗，泡到最后几道尾水时，再酌情坐杯闷泡即可。

(3)注水：注水时使用“低处注”。将烧水壶的壶嘴放低，凑近盖碗上方。快速打圈注水，均匀打湿干茶。

(4)出汤：快速出汤，不宜坐杯闷泡。

(5)分汤：将公道杯中茶汤均分到客人杯中。

(6)奉茶：将品茗杯移至托盘中，双手奉给客人，或依次倒入宾客面前的品茗杯中，由宾客自行取用。

**2. 基本要求**

(1)选用容量较小的盖碗为宜，一般 110 mL 即可，选取 5 g 茶叶。

(2)冲泡红茶金骏眉时的水温要控制好，一般在 90 ℃。

(3)金骏眉的标准茶汤颜色，以金黄色为主。汤色清透，金黄透亮，茶汤表面还会泛有一层金圈。

(4)宜选用山泉水、纯净水等含钙镁低的“软水”，水质新鲜，无色无味且含氧量高的水冲泡。不建议用自来水冲泡。

饮茶小贴士

玻璃杯是很实用的泡茶器具，在没有盖碗的情况下，随时可以用玻璃杯进行冲泡。

## 二、红茶杯泡法

红茶品饮，除了日常使用盖碗冲泡外，在办公场景下没有盖碗时不妨使用玻璃杯冲泡。使用玻璃杯冲泡的好处一是方便，二是在很大程度上能品尝到茶汤的厚度，三是可以续杯。红茶杯泡法，简要介绍如下。

**1. 冲泡程序**

(1)备器：红茶 5 g、玻璃杯、玻璃提梁壶或随手泡、水盂、茶叶罐、茶荷、茶匙、茶巾、茶盘、托盘。

(2)煮水候汤：红茶种类和等级不同，水温有所差异。

(3)温杯洁具：将沸水注入玻璃杯，清洁茶具，提升杯温，也可以根据饮茶的浓淡适当地增减投茶量。

(4)投茶：将 1.5 g 茶叶分别投入玻璃杯中。

(5)摇香：有助于唤醒茶的香气。

(6)冲泡：沿着杯壁定点注水，至三分之一处，进行摇杯醒茶。再次冲水入杯至七成满为止。(如果所选红茶等级较低，可进行洗茶)

(7)奉茶：将玻璃杯移至托盘中，双手奉给客人。

(8)品茶：汤色色泽红黄透亮，口感甜滑持久。

**2. 基本要求**

(1)续杯时，当水量剩余一半或者 1/3 时加水，而不应全部喝完再添加水。

(2)注水时，水流不能直接冲击在茶芽上。

滇红里的大叶种红茶、野生条索粗壮的红茶，建议用开水冲泡，快速出汤，正所谓“高温出高香”。

中小叶种红茶，如祁门红茶、正山小种、英红九号，建议用 90 ℃左右的水温冲泡。

比较细嫩的红茶，如滇红里的金芽或者金针，水温尽量控制在 85 ℃左右，即“低温出甜汤”。

## 任务考核

☑基础知识考核

1. 红茶的汤色呈________。

2. 冲泡红茶可以用________器具。

3. 冲泡金骏眉的水温是________。

☑操作技能考核

| 考核项目 | 考核内容 | 考核标准(10分) |
| --- | --- | --- |
| 泡茶技术 | 选择金骏眉、正山小种、滇红等红茶进行冲泡 | (1)器具选配功能、质地、形状、色彩与茶类协调,1分;<br>(2)器具布置与排列有序、合理,1分;<br>(3)水温、茶水比、浸泡时间设计合理,并调控得当,3分;<br>(4)操作动作适度,顺畅、优美,过程完整,形神兼备,3分;<br>(5)泡茶、奉茶姿势优美端庄,言辞恰当,2分 |

知识链接

**红茶调饮**

红茶是我国六大茶类之一。红茶是全发酵茶,茶性温和,具有养胃、降脂、降血压、利尿、杀菌等多种功效,适宜大众人群饮用。红茶口感醇厚鲜爽,香气很高,很多人都喜欢喝红茶。喝红茶的方法有很多,不仅可以清饮,还可以调饮,具有不同的口感风味。

一、蜂蜜红茶

(1)材料:红茶2～5泡茶汤、蜂蜜。

(2)制作过程:先冲泡出一公道杯茶汤后,把茶汤倒入喝茶的杯子中,冷却一小会,手摸上去温热,再把蜂蜜放入茶汤中,用勺子搅拌均匀,即可饮用。若是喜欢喝甜的,可加2～3勺蜂蜜;若是喜欢不太甜的,加一勺蜂蜜即可。

二、牛奶红茶

(1)材料:红茶2～5泡茶汤、纯牛奶100毫升。

(2)制作过程:首先准备好茶汤,把纯牛奶适当加热,倒入备好的茶汤中,搅拌均匀。一般来说,300毫升茶汤搭配100毫升牛奶,口感较为清甜,也可根据个人口感增减牛奶量。如果感觉甜度不够,可在牛奶红茶中加入白砂糖，用勺子搅拌均匀，即可饮用。

三、薄荷红茶

(1)材料：红茶2～5泡茶汤、新鲜薄荷五片。

(2)制作过程：将新鲜的薄荷摘好，洗净，备用。在100毫升沸水中加入五片洗好的新鲜薄荷叶，泡三分钟后，倒出薄荷水。将薄荷水倒入茶汤中(若想要茶汤中薄荷味浓一些，就在茶汤中倒入三分之二的薄荷水；若想要茶汤清淡些，就倒入三分之一的薄荷水)，用勺子搅拌均匀，即可饮用。也可以往薄荷红茶中加入几块冰块，使薄荷红茶的口感更加清凉香甜。

知识链接

## 金骏眉红茶茶艺解说词

各位嘉宾，大家好！今天为大家介绍红茶中的极品“金骏眉”。金骏眉是武夷山红茶正山小种的一个分支，其外形黑黄相间，乌黑之中透着金、黄，显毫香高。其名寓意：金贵之茶犹如骏马奔腾。现在就由我为大家解说(展示)金骏眉茶艺八道。

第一道：初探白瓯(温杯)

初探白瓯即烫洗白瓷盖碗，使盖碗温度提高。山泉之灵性第一次与白瓯之皎洁相邂逅，让茶多了一份初见的美好。

第二道：迎骏入宫(投茶)

金骏眉条索紧秀，微带弯曲，有骏马奔腾之势。迎骏入宫，将金骏眉送入盖碗内。骏，马也，在这里喻指金骏眉。

第三道：骏眉初展(冲茶)

金骏眉做工精细，冲泡时间以3～5秒为宜。让水沿着杯壁缓缓注入盖碗中，茶叶舒展开来，称为骏眉初展。

第四道：一江春水（倒茶）

一江春水是指将茶汤快速而均匀地依次注入茶杯。

第五道：点石成金（点茶）

斟茶到最后改为点斟，将茶汤均匀地依次倒入品茗杯中。我们形象地称之为“点石成金”，象征着向嘉宾行礼致敬。

第六道：鉴赏金圈（观色）

端起茶杯，认真鉴赏金骏眉的茶汤颜色，可见汤色金黄，清澈有金圈。

第七道：啜玉含珠（品茶）

“啜玉含珠”是范仲淹《斗茶歌》中的诗句，在这里是指品饮金骏眉宜小口品啜，徐徐咽下，顿觉满嘴生津，齿颊留香。

第八道：骏马驰骋（赏叶底）

骏马驰骋即观赏叶底，有骏马驰骋之势。让客人观看金骏眉芽头的原形，回到茶的自然本质。

金风玉露一相逢，更胜却人间无数。感谢各位来宾的光临，金骏眉茶艺表演到此结束。祝大家身体健康、万事如意！

# 任务六　黑茶冲泡

## 一、黑茶壶泡法

冲泡普洱茶首先要选好茶具。用功夫茶具或盖碗茶具冲泡，较为简单方便。如果是4年以上的普洱茶，可选用陶壶或紫砂壶冲泡。与紫砂壶配套的茶具可选用玻璃公道杯，玻璃制品透明，可直视杯中汤色，利于观赏。普洱茶汤色红浓明亮，盛在玻璃公道杯中，如红酒一般，晶莹剔透，极具观赏性。冲泡普洱茶之前，准备普洱茶茶饼、茶盘、茶刀、陶壶、茶刮、煮水壶、公道杯、茶杯。

**1. 冲泡程序**

(1)撬茶：从茶饼的窝心边缘插入，向上用力，将茶饼撬开。取撬出的茶叶 7～8 g 放入茶荷中备用，茶与水的比例在 1∶50～1∶30。

(2)温具：用沸水逐一均匀温器，包括紫砂壶或陶壶、公道杯、品杯，以提高茶具温度，让茶叶受热均匀。

(3)洗茶：将茶投入壶中，冲泡普洱茶，一般需要用沸水洗茶 1 到 2 次，以涤去茶叶中杂质、灰尘。

(4)注水：用沸水冲泡，即冲即出。

(5)出汤：将壶中的茶汤倒入公道杯中。

(6)分汤：将公道杯中的茶汤注入品茗杯，倒七分满。

(7)奉茶：给客人奉上普洱茶。

(8)品味：优质的普洱茶，生茶香气浓郁，生津回甘强，滋味饱满丰富；熟茶则醇和甘润，汤感丰厚，韵味绵长。

**2. 基本要求**

(1)普洱茶比一般茶叶耐泡，一般可以连续 8 至 10 次，甚至 10 泡以上，直到汤味变淡为止。

(2)在普洱茶冲泡前，一般要洗茶、温茶，可进行 2 至 3 次，因为普洱茶长期储藏，洗茶不仅可以去其杂味、清洁茶叶，还能起到温茶、醒茶的作用。但洗茶的速度一定要快，以免影响茶汤滋味。

(3)具有一定年份的老茶，或用料比较粗老的茶品，建议使用 100 ℃的开水冲泡，把大叶种普洱茶中的内含物充分析出。

(4)在冲泡普洱茶时，要尽快出汤，即泡即出。

(5)在冲泡过程中，要根据喝茶人数、茶具容量、茶叶品性、口感喜好等因素灵活处理。

(6)也可使用紫砂壶或盖碗作为冲泡器具。紫砂壶保温性能好，适宜冲泡有年份的老茶、熟茶。嫩度较高的新茶、散茶则适用盖碗，出汤速度易于掌控，可以避免泡出过于苦涩的口感。

饮茶小贴士

泡茶既要知茶性，也要知器性。

常见的煮茶壶有多种材质，如玻璃、陶、银。根据经验，选用陶壶煮六堡茶，滋味最佳。铁茶壶不适合用来煮茶，因为茶里的鞣酸会与铁发生化学反应，让茶汤发黑。

## 二、黑茶壶煮法

泡茶是体验茶的每一泡的滋味变化和层次感受。煮茶通过持续的加温让茶的滋味释放出来，喝出浓厚的滋味。下面以煮六堡茶为例，简要介绍如下。

六堡茶是广西壮族自治区梧州市的特产，中国国家地理标志产品。六堡茶属黑茶类，可用盖碗、紫砂壶冲泡，一般陈年六堡茶比较适合煮饮，相比用壶冲泡，煮茶会更省事。

**1. 冲泡程序**

(1)烫洗杯具：用沸水将煮茶壶、公道杯、品茗杯烫洗一遍。

(2)投入茶叶：将茶叶投入煮茶袋中，碎茶宜置于上层。

(3)润茶：用沸水将盛放茶叶的煮茶袋(煮茶袋也可以不用)润茶约 3 s，将水滤净。

(4)煮茶：将煮茶袋置于煮茶壶内，并将煮茶壶置于加热装置上，待水煮沸后，将煮好的茶汤倒入公道杯中，再分入各品茗杯中，第三次及以后每次煮茶宜减少用水量。

**2. 基本要求**

(1)根据煮茶器的容量的大小备茶，茶水比为 1∶50～1∶60，润洗后置入壶中。

(2)饮至约 1/3 处，续水再煮，茶尽其味。

(3)不要用冷水煮茶，茶叶长时间浸泡在水中，增加了茶汤的浓度，滋味会变得苦涩而浓烈。

(4)先洗茶，后煮茶。在煮茶之前，把茶叶放到盖碗中，先用热水快进快出，润洗1～2泡，既是为了唤醒茶叶，更是为了去除茶叶表面的灰尘与杂质，让煮出来的茶汤更加纯净。

(5)煮茶用小火，不用大火。用小火慢煮，煮出来的茶汤滋味更佳。火力过猛，容易让茶叶在水中过度翻滚，破坏茶叶的完整性，让茶汤变得浑浊，缺乏细腻感。

(6)续水时用热水。如果要续水，直接注入冷水很容易因为短时的温差变化，让壶破裂。此外，如果用冷水续水，也会造成上述第(3)点的问题。

煮茶，看似简单，实则非常讲究。掌握泡茶的手法，进行正确的冲泡，才能使一款茶叶色、香、味俱全。

## 任务考核

### ☑基础知识考核

1. 生普洱的汤色呈________，熟普洱的汤色呈________。
2. 普洱冲泡可以用________、________、________器具。
3. 六堡茶适合用________器具冲泡。

### ☑操作技能考核

| 考核项目 | 考核内容 | 考核标准(10分) |
| --- | --- | --- |
| 茶器知识 | 根据所选择的茶叶配好适合的茶器 | (1)器具选配功能、质地、形状、色彩与茶类协调，1分；<br>(2)器具布置与排列有序、合理，1分；<br>(3)水温、茶水比、浸泡时间设计合理，并调控得当，3分；<br>(4)操作动作适度、顺畅、优美，过程完整，形神兼备，3分；<br>(5)泡茶、奉茶姿势优美端庄，言辞恰当，2分 |
| 茶叶冲泡 | 选择普洱熟茶、六堡茶进行冲泡及技能展示 | |

知识链接

### “生普”和“熟普”

普洱茶有“生普”和“熟普”之分，同样的原料，因为制作工艺上的差异，制成的茶品的茶性、口感与滋味也会体现出不同的变化。虽然同为普洱茶，但是生普和熟普却有着明显的不同。

(1)加工工艺不同

生茶：采摘、摊晾、杀青、揉捻、晒青、蒸压成饼。

熟茶：采摘、摊晾、杀青、揉捻、晒青、湿水、渥堆发酵、干燥、分筛、蒸压成饼。

(2)外形不同

生茶：饼面茶叶颜色以青绿、墨绿色为主，芽头多为银白色，随着年份的增加，饼面转化为棕褐色，芽头转化为金黄色。

熟茶：饼面茶叶颜色以黄褐色、红褐色或黑褐色为主，芽头金黄色偏暗。

(3)汤色不同

生茶：汤色以黄绿、绿黄、金黄色为主，陈年生茶的汤色一般为橙黄明亮、橙红明亮。

熟茶：汤色以红褐为主。好的熟茶，汤色油亮透彻，如同红宝石一样漂亮。

(4)滋味不同

生茶：口感强烈，刺激性较高，通常略带苦涩感，先苦后甘的韵味明显。

熟茶：茶性温和，刺激性较弱，滋味以甜醇厚滑为主，不苦不涩。

(5)叶底不同

生茶：叶底通常为黄绿色或绿黄色，年份较老的生茶呈青褐色或褐色，条索柔嫩完整。

熟茶：叶底通常为棕褐色，条索较琐碎偏粗老，完整度不高。

## 饮茶小贴士

生茶茶性偏寒，对人体刺激性较大，有提神效果，不建议容易失眠的人群饮用，也不建议孕妇和肠胃较弱的人饮用。

熟茶经过发酵，茶性温和，有暖胃的效果，含有对人体有益的营养物质，如多糖、果胶等，可以去油腻、通肠胃、降血脂、降血糖等。

## 知识链接

### 黑茶的“吉祥三宝”

黑茶作为六大茶类之一，有着悠久的历史和厚重的文化底蕴，自古边藏地区就有“宁可三日无粮，不可一日无茶”的说法。边藏地区多吃肉类奶类，却依然保持着肠胃和身体健康，其根源就是黑茶中的三件宝贝。

第一宝：金花（冠突散囊菌）

金花，学名冠突散囊菌，早期称之为谢瓦氏菌，在显微镜下为球状金色颗粒，肉眼可见。干嗅金花有淡淡的菌香味，因此用含有金花的黑茶冲泡的茶汤香醇甘润。金花具有溶解脂肪、抗氧化作用，消除人体不良自由基，被称为“茶中黄金”。黑茶也因此具有减脂的效果。

第二宝：微量元素

茶叶中的物质众多，例如酯类、芳香油化合物、多种维生素、蛋白质和氨基酸，等等，并且含有多种人体所需的钙、磷、铁、锌、硒、铜、锗、镁等微量元素。这些成份对人体是有益的，其中的硒具有抗癌的效果，因此，适当的喝茶是有益健康的。

第三宝：茶多糖

茶多糖是一种酸性糖蛋白，并结合有大量的矿质元素，称为茶叶多糖复合物。黑茶中的茶多糖含量相比其他茶类最多，搭配金花（冠突散囊菌），具有降血糖、降血脂的作用，能改善糖尿病病状。因此，茶多糖在黑茶中是不可多得的一个宝贝。

可见，黑茶的“吉祥三宝”对人体的健康有着很大的帮助！

## 学习讨论

（1）很多人外出时会用保温杯泡茶，这是很普遍的现象，如果用保温杯冲泡茶叶应注意什么？

（2）办公族经常在办公桌上泡上一杯茶，根据学过的冲泡茶叶知识，请对此行为提出建议。

（3）在泡茶过程中，你有哪些好的技巧分享给大家？

## 学习总结

通过学习我们了解茶器物的选择和冲泡程序都是随着茶品而灵活变化的，不同的茶品冲泡都有着自己的最佳方式。请观察和思考自己身边的茶人，都是如何选配茶器物，具备哪些独特的泡茶技艺呢。

# 项目四

# 茶 艺 表 演

茶艺是高雅的艺术，茶艺是生活的艺术。茶艺表演在各种生活场景中深受欢迎。在商业性、专项演出中或是综合性茶艺晚会上，通过贴近生活的茶艺表演感染观众，满足人民群众对传统文化的自信和美好生活的追求。

## 任务一　茶艺表演基本知识

### 任务描述

通过本项目学习，了解茶艺表演基本知识，掌握生活茶艺、舞台茶艺的基本要领，能够结合生活表演茶艺，丰富文化生活。

### 任务目标

**知识目标：**掌握茶艺表演基本知识；掌握茶艺表演的基本要素；了解主题要素组合规律。

**能力目标**：掌握生活茶艺、舞台茶艺的基本要领，能够结合生活表演茶艺，丰富物质文化和精神文化生活。

**素质目标**：弘扬中国传统的茶文化，感受茶文化内涵和美学价值，获得某种启迪，提升茶艺表演层次至茶道层次，并获得精神享受。

## 任务准备

(1)仪容仪态准备。

(2)茶艺表演的基本要素准备。

## 任务实施

茶艺表演是在茶艺的基础上产生的，它是通过各种茶叶冲泡技艺的形象演示，科学地、生活化地、艺术地展示泡饮过程，使人们在精心营造的优雅环境氛围中，得到美的享受和情操熏陶。茶艺表演作为茶文化精神的载体，已经发展成为非同一般表演的艺术形式，渐渐受到人们的关注。

## 一、茶艺表演礼仪与标准

对于外形、举止乃至气质，茶艺表演对茶艺师都有较高的要求。茶艺师应该具备较高的文化修养、得体的行为举止，熟悉和掌握茶文化以及茶叶冲泡技能。

### ☆ 仪容仪态

**1. 得体的着装**

茶的本性是恬淡平和的，因此，茶艺师的着装以整洁大方为好，不宜太鲜艳。女性切忌浓妆艳抹，大胆暴露；男性也应避免乖张怪诞，如留长发等。无论是男性还是女性，都应仪表整洁、举止端庄，要与环境、茶具相匹配，言谈得体，彬彬有礼，体现出内在文化素养。

**2. 整齐的发型**

发型原则上要根据自己的脸型而定，以适合自己的气质，给人一种很舒适、整洁、大方的感觉。头发不论长短，都要按泡茶时的要求进行梳理。

**3. 优美的手型**

作为茶艺师，要有一双纤细、柔嫩的手，平时注意适时地保养，随时保持清洁、干净。忌涂抹有颜色的指甲油。

**4. 清爽的面部**

茶艺表演是淡雅的事物，脸部化妆不要太浓，也不要喷味道强烈的香水，否则茶香易被影响，破坏了品茶时的感觉。

**5. 优雅的举止**

在优雅的品茗环境中，一低头，一举杯，举手投足间尽显优雅。茶艺表演，是一门高雅的艺术，它不同于一般的演艺表演，它浸润着中国的传统文化，飘逸出中国人所特有的清淡、恬静、明净、自然的人文气息。

因此，茶艺师必须在平时的训练中全身心地投入和感悟。在动作和形体训练的过程中，将自己的心灵感受融入茶艺表演中，体会茶的纯洁无私和奉献精神。

## ☆ 基本姿态

坐姿端正，挺胸收腹，双肩平正，肩颈放松；站姿笔直，走相自如；调息静气，目光祥和；行礼轻柔，待人谦和，自然亲和。

## ☆ 言谈得体

在与客人见面问候、冲泡解说以及奉茶交流时，言谈要得体。应面带微笑、亲切自然、表达清晰、语言简练、语意正确、语调亲切，使品饮者感受到泡茶、饮茶是高雅的享受。

## 二、茶艺表演的基本要素

**1. 茶品**

不同类型的茶，所形成的不同物质和文化特征，往往是茶艺创意表演的重要条件与线索。因此首先要了解和掌握茶叶的分类、主要名茶的品质特点、制作工艺，以及茶叶的鉴别、贮藏、选购等内容。这是学习茶艺和茶艺表演创作的前提基础。

**2. 茶器**

茶器不仅是茶叶品质呈现的重要载体，而且还蕴涵着丰富的礼仪文化。茶器选配是茶艺表演的重要因素之一。茶器合理使用与茶道完美展现有着密不可分的关系。茶器选配以宜茶品、合审美、合习惯、合场所为原则，以和谐为最高境界，茶、人、器、道融合，相得益彰。

**3. 道具**

道具，是表现文化、情感、礼仪和艺术美的辅助用具或场景。茶艺表演中运用的道具是茶艺表演的气氛烘托与审美的关键之一。在茶艺表演中，桌、椅、植物、盆景、挂件、背景物等，都可以是表演的道具。有些道具还承担着象征茶艺表演主题的重要角色。根据茶艺表演的主题，来选择它们的形状、质地、体积、距离、品质等，但不宜喧宾夺主。因此，在道具使用过程中，要用心地创造出一定的艺术氛围。

**4. 音乐**

当茶在视觉、嗅觉、味觉三种维度给人带来愉悦美感的同时，音乐则弥补了茶不能直接带来听觉美感的缺憾。在茶艺表演中，通过音乐和主题契合，唤起人们某种情感的记忆，指引观众迅速达到一定的精神境界，感受茶艺表演带来的内心情感表达，从而引起共鸣。因此在选择音乐时，首先应根据茶艺的内容来选择，同时还要根据内容所要表现的情感与意境来选择。

**5. 服饰**

服饰是服装和饰物的总称。茶艺表演同其他艺术表演一样，服饰也早已成为艺术表演的要素。一方面，它起到艺术包装的作用，对表演者的形象起到扬长避短或改变人物身份的作用；另一方面，它在整体的艺术表演形式中，起到茶艺表演艺术主题的烘托与诠释的作用。服饰选择应根据茶艺表演主题的需要，进行多品种、多样式的选择或专门制作。服饰选择的基本原则是一要合体，二要得体，三要有美感，四要新颖，五要质感。

## 三、茶艺表演的分类与形式

### ☆ 茶艺表演的分类

**1. 民俗茶艺表演**

以茶为主体，民俗茶艺表演取材于特定的民风、民俗、饮茶习惯，是以反映民俗文化等为主，经过艺术提炼与加工的表演形式。如“西湖茶礼”“台湾乌龙茶茶艺表演”“赣南擂茶”“白族三道茶”“青豆茶”等。

**2. 仿古茶艺表演**

仿古茶艺表演取材于历史资料，经过艺术提炼与加工，大致反映历史原貌。如“公刘子朱权茶道表演”“唐代宫廷茶礼”。

**3. 其他茶艺表演**

其他茶艺表演取材于特定的文化内容，经过艺术提炼与加工，是以反映该特定文化内涵为主体，以茶为载体的表演。如“禅茶表演”“火塘茶情”“新娘茶”。

### ☆ 茶艺表演的形式

茶艺表演多数是生活型茶艺表演，或是给客人表演冲泡技艺。根据主题要求，茶艺表演需要确定表演人数，一般茶艺表演组合有单人表演和多人表演。

**1. 单人表演**

单人表演形式要求全部表演过程都由一个人来完成。单人表演，从动态表演气氛来看，虽然不及多人表演人多势众，但从技艺表现来说，单人表演更容易让观众获得集中的审美感受。

**2. 多人表演**

多人表演分成两类，一是一人为主泡，另一人或两人为助泡。主泡负责泡茶，助泡负责端茶具、奉茶等，配合主泡进行泡茶。一般主泡位居中间，助泡分别立于左右两旁。二是多人同时泡茶，此时每个人都是主泡，每个人的服装、道具、动作都完全统一，没有主次之分。

**3. 站式表演**

站式表演增加了肢体语言活动的范围，可在多人表演形式中与他人交流时，更多地发挥肢体语言的灵活性。在进行站式表演时，表演者的身高要与茶桌的高度相协调，否则表演者身材过于高大，影响整体协调性和美感。

#### 4. 坐式表演

坐式表演是表演者坐在茶席前的椅子上，或者坐在较低的茶桌前，或坐于蒲团之上进行的表演。坐式表演属于较为舒服放松的一种泡茶姿态，在表演时应调整好座椅与茶席之间的位置，注意坐姿要正确。

#### 5. 跪式表演

跪式表演，一般用于中国古代茶道和日本、韩国茶道。在进行跪式表演时，表演者双膝跪于座垫上，双脚背相搭着地，臀部坐在双脚上，腰挺直，双肩放松，向下微收，舌抵上颚，双手搭放于前，女性左手在下，男性反之。

## 四、茶艺表演训练

茶艺表演通过将茶叶的泡制过程和人文思想、感情表达有机的结合，将一些死板的器皿工具，活灵活现地演绎出淳韵淡雅的味道。一场赏心悦目的茶艺表演，事先在多方面进行反复的训练，才能在正式表演时做到完美的呈现。

**1. 基本茶技训练**

泡茶技术训练，是茶艺表演的基本训练。泡茶训练要求：神定气朗、神态集中、拿取有度、和谐有序。从布具、涤器、投茶、温杯、泡茶、分汤、奉茶到收具，要行云流水、一气呵成。这些需要在日常行茶训练中重复、专注、投入地做。

**2. 手型、手位训练**

手势是变化手的姿态。茶艺表演的肢体动作，重点表现在手，因此手型、手姿、手位训练，越准确、越流畅、越细致，就越有表现力。同时，手型、手姿、手位的形态调整，还要与手持器物所形成的一体形态，共同调整把握和训练。

**3. 姿态训练**

泡茶时的姿态训练包括行姿、坐姿、站姿、跪姿训练等，要坐有坐相、站有站相、走有走相，不论何种姿态，都要自信从容，日常表演中要按照标准姿态礼仪多进行训练。

**4. 内心情感表达训练**

茶艺的创造者和表演者会根据想要表达的主题来创新一些茶艺表达手法，则需要表演者感受深刻并把这种深刻情感通过面部表情、语言、动作等表现出来，让观众在整个过程中感受到整个茶艺表演的故事情节发展顺序，引起共鸣。表演者平时要进行这种训练。

**5. 音乐节奏把握训练**

表演者在表演时需选择一些与表演主题相契合的音乐作为背景音乐。在优美的音乐旋律中，人不自觉地被带入节奏中，内心情感与之和谐共鸣。通过音乐节奏把握训练，可以增强表演者的感受力和表现力。泡茶节奏把握得越自然，表演的状态就越美好。

**6. 整体造型与整体肢体训练**

当进行多人表演时，要把握整体造型与整体肢体。表演者在舞台中高矮、远近、前后、左右的位置以及他们的肢体协调，动作整齐，节奏一致，都要呈现一种整体美。平时，多人表演者需进行组合训练。

## 任务考核

**☑基础知识考核**

1. 茶艺表演的形式有________、________、________、________、________。

2. 茶艺表演的要素有________、________、________、________、________。

3. 进行茶艺表演的训练，都包括________、________、________、________、________。

**☑操作技能考核**

通过选定一款茶叶初步进行茶艺表演，要求注意表演礼仪和表演标准。

知识链接

**一个合格的茶艺师应该是什么样的呢？**

首先，要懂茶，掌握丰富的茶知识。比如茶的品种、主要生产地、制作工艺、特性。懂得如何鉴别茶，对中国古老的茶文化有一定了解。

其次，在懂茶的基础上要泡好茶，掌握泡茶的技艺。泡好一杯茶并非易事，要懂得如何选茶、择器、置水；要掌握好茶与水的比例、泡茶时间和浸泡程度。懂得了这些知识之后，还须用心去泡。因为茶汤的颜色、香气与滋味、口感，完全可能因为不同泡茶者的技法和感觉而不同。如果不是用心去钻研，而是按部就班地机械操作，是很难把茶泡好的。

再次，作为一名茶艺师，还要对中国的传统文化有所了解。唐诗宋词、书法绘画，了解了一些优秀文化，再来理解茶文化，就能够触类旁通。茶艺师的气质离不开深厚的文化底蕴和完美的艺术造诣。

最后，茶艺师多少需要懂得一些插花的技巧、花语及不同风格的音乐等。专业的茶艺师能通过优美的姿势、手法，将茶的精气神韵发挥得淋漓精致，并结合自身专业知识，向观众奉献一份精彩的茶文化盛宴。

（资料来源：https://www.sohu.com/a/281615783_120046680）

知识链接

### 茶艺表演中的礼仪、位置、顺序、动作

中国是文明古国、礼仪之邦，素有客来敬茶的习俗。茶是礼仪的使者，可融洽人际关系。在种种茶艺表演中，均有礼仪的规范。如“唐代宫庭茶礼”就有唐代宫庭的礼仪；“禅茶”中有敬茶（奉茶）之后，僧侣向客人行礼的礼仪等……在行礼时，行礼者应该怀着对对方的真诚敬意进行行礼。行礼应保持适度、谦和，从内心深处发出的敬意体现到这一礼仪中，包括眼睛的视角，动作的柔和、连贯，摆动的幅度等。

茶艺表演中的位置、顺序、动作，包括主泡及助泡的位置、出场、进

场的顺序、行走的路线、行走的动作，敬茶及奉茶的顺序、动作，客人的位置，器物进出的顺序、摆放的位置、移动的顺序及路线等。人们往往注意移动的目的地，而忽视了移动的过程，而这一过程正是茶艺表演与一般品茶的明显区别之一。

这些位置、顺序、动作所遵循的原则是合理、科学，符合美学原理及遵循茶道精神“和、敬、清、寂”“廉、美、和、敬”，符合中国传统文化的要求。

茶艺表演讲究“精、清、净、美”。精（精品、精通、熟练）：茶须名茶、特色茶，茶叶干燥，质量上乘。水须好水，茶具质量上乘与茶相配。精，上乘也，精包括精通、熟练茶艺表演，精通选茶、置具、选水、贮茶、熟练沏泡程序。

清（纯洁、纯和、无邪、清醒、去杂念）：人、水、环境清爽。茶可清醒头脑，称之谓提神醒脑。在茶艺表演的环境中，很难“清”，但追求“清”，不但茶艺表演者要“清”，通过茶艺表演要让观众有所“清”。清醒的头脑，有助于人积极思维，感受相聚一起享受品茗的不容易。

净（洁净、净化）：人、衣着、环境、茶、茶器、水等洁净。人的洁净，如手洁净、头发梳理、衣服清洁整齐，具体如手指不应戴戒指，手指甲不能涂抹色彩等。桌椅、板凳无尘埃，场所无杂物、脏物。茶具应洗涤干净，水应干净符合饮用要求，茶叶应干净、无杂物。此外人思想、心灵净化，无杂念、邪念。

美（美好）：美应符合茶道的美，符合观赏美学的要求，符合中国传统文化的审美情趣。如服装合身，衣着得体、大方，环境优美、清爽，茶艺表演中的礼仪规范且富有美感，茶艺表演中的位置、顺序、动作协调及顺畅，茶器具配套，环境布置赏心悦目，等等。

（资料来源 https://www.puercn.com/cybkgh/953336.html）

# 任务二 茶席设计

茶席设计是以茶具为主材，以铺垫等器物为辅材，并与插花等艺术组合，从而设计、布置出具备一定茶事功能的茶席。广义的茶席指的是由庭院、茶室、音乐、字画、香、花、茶等元素组成的喝茶场景布置，而狭义的茶席指泡茶和喝茶的茶台。茶席包含的元素有煮水器、泡茶器、匀茶器、茶盏、茶叶、盖置、盏托、茶则、茶匙、水盂、茶巾、席布、花器、茶花、香器。

## 一、茶席主题

设计一个新的茶席，或是更新一个原有的茶席，只有先确定主题，才有助于茶席各个部分之间的统一与协调。主题设计是茶席中最有人文趣味的一个环节。当茶人的人文情怀与浪漫主义相遇，茶席间的天地变得开阔起来，这天地中有清风般高逸的灵性，有泥土一样本真的朴拙，亦有画卷般可书写的留白，为事茶人提供了一个前所未有的创作空间。茶席布置主题先行，确定主题后，陆续选择相应的茶席元素。茶席的主题有三类。

**1. 以茶品为主题的茶席**

以茶品为主题的茶席，主要为茶品的茶性、茶品的特性以及茶品的特色，尤其是以名优茶叶作为题材进行创作较为多见。

**2. 以茶事为主题的茶席**

以茶事为主题的茶席，可以分为三种，一是重大的茶文化历史事件，选择某一角度在茶席中进行展示；二是特别有影响的茶文化事件，选择某一场景在茶席中反映；三是自己喜爱的现实茶事，抓住某一片段在茶席中再现。

**3. 以茶人为主题的茶席**

以茶人为题材的茶席，同样有多种情况，如以古代茶人为题材、以现代茶人为题材、以身边茶人为题材。

此外，还可以以季节设置主题，如春夏秋冬席；以节气设置茶席主题，如立春、清明、立夏等；以节假日设置主题，如元宵节、端午节、重阳节等；以歌颂人物品格或者职业精神设置主题，如母亲、劳模、恩师、医生等；以“浪漫”“清心”等抽象感受设定主题；还可以某种情感表达设定主题，如故乡之情、爱国之情、感恩之情、亲情、爱情、友情等。

## 二、茶席构成要素

茶席之美，是视觉和心灵的碰撞；是用心的“布”，而不是刻意的“摆”；是表现茶道精神而规划的一个场所。想要设计一方赏心悦目的茶席，必须先知道它的构成元素。茶席的设计包括九大要素。

**1. 茶**

茶，是茶席的根本，是茶席设计的灵魂，是茶席设计的物质和思想基础。因茶而产生的设计理念，是构成茶席设计的主要线索。六大茶类色彩丰富、千姿百态，茶名诗情画意，首先就是要选择一款想要表达思想或感情的茶作为茶席的灵魂。

**2. 茶具**

茶具，也是茶席构成的主体。

茶具组合要考虑其实用性和艺术性相融合。因此，在茶具的质地、造型、体积、色彩、内涵等方面，应作为茶席设计的重要部分加以考虑，使其在整个茶席中处于显著的位置。

茶具组合既可按传统样式配置，也可进行创意配置；既可以基础配置，也

可以齐全配置。

**3. 铺垫**

铺垫，是指用于摆放茶席整体或局部物件摆放的铺垫物，也是铺垫在桌面或地面之上的布艺类和其他物质的统称。铺垫的作用表现为：一是使茶席中的器物不直接触及桌面或地面，以保持器物清洁；二是以自身的特征和特性，辅助器物共同表现设计的主题。

铺垫的质地、款式、大小、色彩和花式是表达感情的重要因素，应根据茶席

设计的主题与立意，运用对称、不对称、烘托、反差等手段的不同加以选择和布置，或铺桌上、或摊地下、或搭一角、或垂另隅。茶席的铺垫，虽是器外之物，却对整个茶席起到烘托的作用，也会不知不觉地影响着人们的精神、情绪和行为。

**4. 插花**

插花，以自然界的鲜花、叶草为材料，通过艺术加工，在不同的线条和造型变化中，融入一定的思想和情感而完成的花卉再造形象。

东方的插花源于中国。早在 1 500 年前的六朝时期，就有记载“有献莲花供佛者，众僧以铜罂盛水。浸其华茎欲令不萎。如此三日而华更鲜”(《南史·晋安王子懋传》)。

茶席中的插花，其基本特征是简洁、淡雅、精致。插花花材品种数量众多，可在一般花店购买，也可取自山间野地、田头屋角，等等。鲜花不求繁多，只插一只、两枝，最多三或五枝，格高韵胜；插花时注重线条和构图，表现形态美、自然美、意境美。

茶席中插花的形式以直立式、倾斜式、悬挂式、平卧式为常见。插花花器选择，在质地上，一般以竹、木、草编、藤编、陶、瓷、紫砂等为主，体现原始、自然、朴实之美，如同茶一般，源于自然、回归自然。在形状上，有瓶状、盆状、壶

状等，一般不做限制，与茶席搭配，具有一定的造型美。在色彩上，对于竹、木、草、藤等花器，基本利用其原色，对于陶质花器，可选素面不添色的；对于瓷质花器，宜为青色、白色；对于紫砂花器，最好选深色；对于金属材质的花器，在某些特定寓意要求下使用，多为铜质。

**5. 焚香**

在茶席环境中焚香，可以让席中的人们获得嗅觉上的美好享受。它不仅作为一种艺术形态融于整个茶席中，同时，它美好的气味弥漫于茶席四周的空间，使人在嗅觉上获得非常舒适的感受。

如今，香文化以天然芳香原料为载体，融自然科学和人文科学为一体，让人感受美好生活，实现人与自然和谐，创造人的外在美与心灵美和谐统一的香文化，正如茶道一样，其含义已远远超越了制茶和喝茶本身。

香料的种类繁多，在茶席中使用的香料，一般以自然香料为主。焚香时最好在空气流通的空间里。香炉在茶席中的摆置，应把握不夺香、不抢风、不挡眼三个原则。

### 6. 挂画

挂画，又称挂轴。茶席中的挂画，是指以挂轴的形式，悬挂在茶席背景中的书与画的统称。书以汉字书法为主，画以中国画为主。一般以字为多，也可字、画结合，我国历来就有字画合一的传统。

中国茶席中挂轴的绘画内容，多姿多彩，既有用简约笔法，抽象予以暗示；也有工笔浓彩，描以花草虫鱼。最常见的还是以表现松、竹、梅的“岁寒三友”及水墨山水为多。回归自然，追求自然，崇尚自然，热爱生活，美化心灵，这些中国茶人的茶道秉性，也同样反映在茶席挂轴的绘画内容之中。

### 7. 茶点茶果

茶点，即是佐茶的食物。在茶席中，茶点的主要特征是份量少、体积小、制作精细、样式清雅。

茶点的种类很多，包括干点、湿点、干果、鲜果、瓜子、蚕豆等。茶席配茶点的原则，第一可以不配；第二前几泡不吃，在换茶过渡时吃；第三不建议配荤点心或者香气浓郁的点心，一是油腻夺味，二是油腻留在品茗杯口，不雅；第四味宜淡雅，苦味、辣味皆不宜。绿茶可以搭配偏甜味的点心，红茶、花茶可以配酸味的点心，乌龙茶可以配偏咸味的点心。

在茶点盛器的选择上，追求小巧、精致、清雅，具有一定的艺术特色。它的

质地、形状、色彩要与茶席的主器物相吻合，一般摆置在茶席的前中位或前边位。只要巧妙配置与摆放，茶点茶果也是茶席中的一道风景，显得迷人与可爱。

**8. 相关工艺品**

工艺品是人们某个阶段生活经历的物象标志。当人们想起某段生活，脑海里就会浮现那段生活的人和物。同样，当人们看见某种物品，也会想起以往的那段生活。因此，茶席中不同的相关工艺品与主器具巧妙配合，往往会唤起人们的某种记忆，使茶席获得意想不到的艺术效果。相关工艺品，不仅能有效地烘托茶席的主题，还能在一定条件下，对茶席的主题起到更加深化的作用。

在选择工艺品时，作为茶席主器物的补充，在质地上、色彩、造型等方面要与茶席色系一致，数量不宜过多，体积不宜过大或过小，它总是处于茶席旁、边、侧、下及背景的位置，服务于主器物，起到陪衬的作用。

**9. 背景**

背景在茶席中也发挥着重要的作用，没有背景，茶席的角度、比例、位置、方向等设计就失去了意义。背景设立，在某种程度上起着视觉阻隔作用，使人在心理上获得某种程度的安全感觉。背景的形式丰富多样，例如，在室外，竹子、假山、窗、廊口都可以是茶席的背景；在室内，舞台、装饰墙面、玄关、博古架等都可以作为背景；还可以有效创设背景，屏风、书画、织品、布画以及其他有历史特征、象征时代含义的物品，均可以作为背景。背景创设需要茶席设计者考虑多种因素去巧妙利用和设计，有效呈现舒适自然的意境。

以上 9 个方面的要素，可以全部选择，也可以只选择其中的一部分。

## 三、茶席设计的结构方式

茶席是由具体器物所构成的，包括茶席依存的铺垫之外的器物，如背景、空中吊挂的相关工艺品等，只要属于茶席的构成部分，铺垫与器物之间、器物与器物之间、器物与背景及相关工艺品之间，都存在空间距离的结构关系。由于茶席的表现形态不同，因此，具体茶席的结构方式也会发生变化。结构体现着和谐美，结构美不仅表现为符合一般的构图规律，还以茶席各部位在大小、高低、多少、远近、前后、左右等空间关系中所表现的总体和谐为最高的追求目

标。其中,任何一个因素的残缺,都会破坏茶席完整美的结构形成。

**1. 中心结构式**

中心结构式是指在茶席有限的表现空间内,以空间中心为结构核心点,其他要素均围绕结构核心来表现相互关系的结构方式。

中心结构式的核心可以是茶叶,也可以是某一种器物。设计此结构方式的茶席,应注意如下问题。

(1)中心结构式的大小关照。大小关照指的是在茶席茶具摆放中,器物的大小比例、位置应该协调,突出显示主器物,避免出现主次不分、比例失调等问题。

(2)中心结构式中的高低关照。高低关照的原则是高不挡后、前不挡中。

(3)中心结构式的多少关照。不管是茶具还是工艺品,摆放数量要适度,不能因过于重复而显得杂乱。

(4)中心结构式的远近关照。相同器物之间、不同器物之间的距离要适当、协调。

(5)中心结构式的整体关照。

**2. 多元结构式**

多元结构式是指茶席设计的主体不止一种,可以通过几个主体来表达设

计者的设计理念，通过多种元素来达到审美的目的。多元结构式的表现形式有如下几种。

（1）流线式

流线式是指整个茶席设计呈不规则状态，整体铺垫呈流线分布。

（2）散落式

散落式可以采用地铺和桌铺的方式，布局以轻松为主，摆脱席面空间的束缚。此种茶席设计对设计者的要求较高。

（3）桌地面结合式

此类茶席设计由传统结构改良而来。其结构核心在地面，地面以器物作为结构核心点，要求地面器物体积稍大，达到核心的目的。如果体积偏小，则

会在整体结构中被忽略，从而形成失重感。

（4）器物反传统式

此种形式一般用于表演，实用性茶席一般不采用此种形式。此类茶席，具有一定的艺术独创性，又以深厚的茶文化传统为基础，结构全新化，常给人耳目一新的感觉。

这张长方形席，是以右手泡茶的标准茶席图，其中各器具的名称分别为

① 煮水器（能拿来煮水冲泡的烧水器具）；

② 主泡器（能放进干茶、冲入热水并倒出茶汤的器具）；

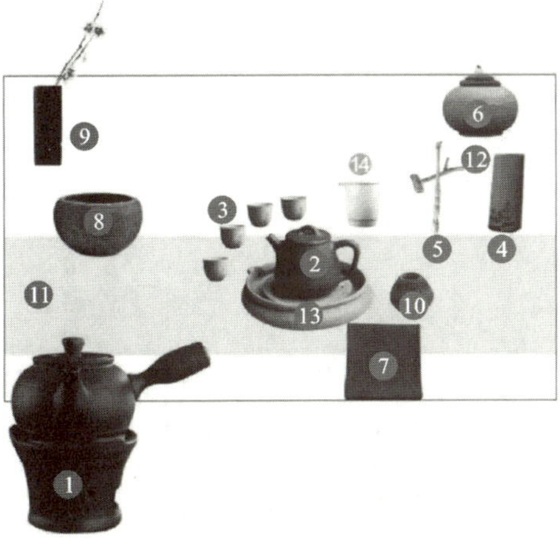


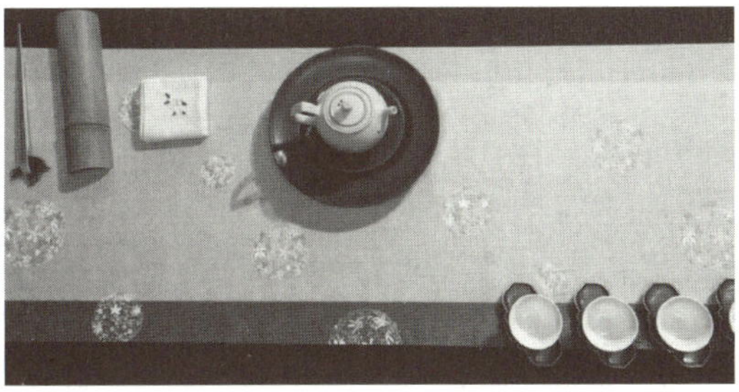

③ 品茗杯(品尝茶汤);

④ 茶荷(承放干茶);

⑤ 茶则(茶叶量的度量与准则之器);

⑥ 茶仓(存贮干茶);

⑦ 洁方(也称茶巾,保持席面整洁清爽之物,寓意方正规矩);

⑧ 茶钵(也称茶盂,热过器皿的水与多余之物的暂存处);

⑨ 花叶器(插花所用);

⑩ 盖置(让主泡器盖安稳放置之物)。

图片摘自茶艺师网

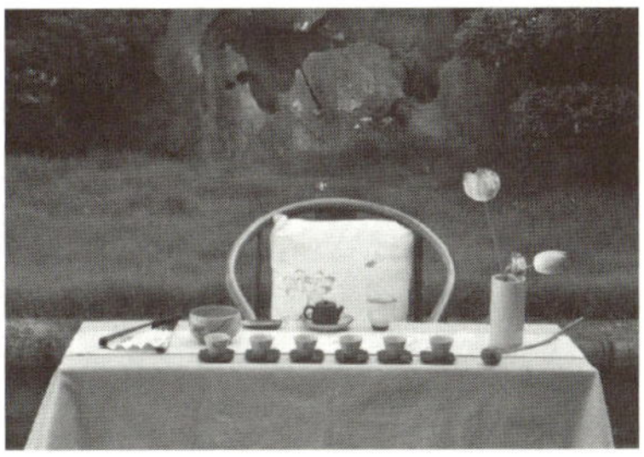

图片摘自茶艺师网

除此之外,还有席布、荷置、泡茶器承、公道杯,泡茶所需物件需精简到不能再少为宜,各物件应摆放在最易于拿取的位置,简单实用即可。

知识链接

## 茶艺六要素

茶艺的六要素包括人、茶、水、器、境、艺。

一、人之美

人是万物之灵，是社会的核心。人是茶艺最根本的要素，同时也是最美的要素。人的美有两个含义，一方面是作为自然人所表现的外在的形体美；另一方面是作为社会人所表现的内在的心灵美。总之，人的美大致分为形体美、服饰美、发型美、仪态美、神韵美、语言美、心灵美等几个方面。

二、器之美

受“美食不如美器”思想的影响，我国自古以来无论是饮还是食，都极看重器之美。早在唐代，陆羽在《茶经》中就设计出了24种完整配套的茶具。近代，茶有上千种，而茶具更是琳琅满目，按质地来分类，茶具可分为陶土茶具、瓷器茶具、玻璃茶具、金属茶具、漆器茶具、竹木茶具、其他茶具等七大类。

三、茶之美

茶之美是指茶叶不仅要有个好的名称，还要求色、香、味、形俱佳。地名＋茶树的植物学名称，如西湖龙井、安溪铁观音；地名＋茶叶的外形特征，如君山银针；地名＋想象力，如黄山毛峰；有美妙动人的传说、典故，如大红袍、铁罗汉、水金龟；引发茶人美好联想的，如寿眉、金骏眉。

四、水之美

早在唐代，陆羽在《茶经》中对宜茶用水就做了明确的规定。他说：“其水用山水上、江水中、井水下。”张大复在《梅花草堂笔谈》中提出：“茶性必发于水。八分之茶，遇十分之水，茶亦十分矣；八分之水，试十分之茶，茶只八分耳。”在我国茶艺中精茶必须配好水，才能给人至高的享受。

五、境之美

中国茶艺要求在品茶时做到环境、艺境、人境、心境四境俱美。环境美就是要求窗明几净、装修简素、格调高雅、气氛温馨，使人有亲切舒适感。茶道六艺，即琴、棋、书、画、诗和金石古玩的收藏与鉴赏。所谓人境，即品茗时人数的多少以及品茗的人格所构成的人文环境。品茗是心的歇息、心的放牧，品茶时好的心境靠茶人对人生的感悟。

六、艺之美

艺之美主要包括茶艺程序编排的内涵美和茶艺表演的动作美、神韵美、服装道具美等方面。

总之，要达到茶艺美，就必须人、茶、水、器、境、艺六要素俱美，六美荟萃，相得益彰，才能使茶艺达到尽善尽美的境界。

## 君子四艺

煮茶、焚香、挂画、插花，被宋人合称为“四艺”（亦有称“四事”者），是古代文人雅士追求雅致生活的一部分。此四艺者，透过嗅觉、味觉、触觉与视觉品味日常生活，将日常生活提升至艺术境界，且充实内在涵养与修为。这与现代人追求的生活美学与讲究个人品味的生活态度极为一致，亦与当今的东方美学主流意识不谋而合。

知识链接

焚香重嗅觉之美，品茶重味觉之美，插花重触觉之美，而挂画则重视觉之美。四艺合一，展现了宋代文人雅士风雅、韵味的生活美学，是一种精神上的享受，是一种审美且具有艺术性的行为，更是一种修身养性的方式。

## 任务考核

### ☑基础知识考核

1.表达春天主题茶艺表演选用________茶。

2.茶艺六要素包括________、________、________、________、________、________。

3.主题茶艺表演的背景由________和________组成。

4.茶席构成的要素有________、________、________、________、________、________、________、________、________。

### ☑操作技能考核

茶席创作是在中国茶道精神指导下，选手通过器具配置与布设、色彩搭配、文案写作、背景设计等创作，表达茶席的主题和创意，强调原创性、实用性与艺术性。

| 考核项目 | 考核内容 | 考核标准(10 分) |
| --- | --- | --- |
| 茶席知识 | 茶席布置 | (1)形状颜色搭配恰当，1 分；<br>(2)茶叶茶器配备正确，2 分；<br>(3)背景音乐切合主题，1 分；<br>(4)解说词突出主题，1 分；<br>(5)茶席设计结构合理，2 分；<br>(6)综合演艺技巧，3 分 |

## 学习讨论

从茶席设计的学习中得到什么新的思路和启发？

## 学习总结

通过学习我们了解到茶席设计和布置是一门艺术，包含了挂画、插花、书法、音乐、焚香等丰富多彩的艺术形式。我们可以充分发挥想象力，把中国的传统节日、节气、名茶传说、茶人茶事和茶席设计紧密联系起来，你不妨试一试，布置一方独具特色的茶席吧！

# 任务三　茶席设计文案撰写

文案，是一种以文字为手段，对事物变化的因果、过程或某一具体事物进行客观反应的文体。茶席设计的文案，有自己特定的表达方式。

## 任务描述

通过完成本项目学习任务，了解茶席设计文案撰写和表达的方法技巧。

## 任务目标

**知识目标：**掌握茶席设计基本知识；掌握茶席器物选择与组合；了解茶席主题的内涵。

**能力目标：**对茶席设计的作品做主观的阐述。

**素质目标：**弘扬中国传统的茶文化，感受茶文化内涵和美学价值。

## 任务准备

（1）设计的茶席作品。

（2）有关茶席作品的创作资料收集。

## 任务实施

茶席设计文案，作为一种记录形式，有一定的资料价值，可留档保存，以备后用。

同时，作为一种设计理念、设计方法的说明，茶席设计文案既可以传递茶艺之美，又可以在艺术创作展览、比赛、专业学校设计考核等活动中发挥参考、借鉴的作用。

### 一、茶席设计文案的格式

撰写茶席设计文案，可分成三个阶段：一是准备阶段，查阅和搜集相关的文本资料；二是实施阶段，进行文本资料撰写，结合茶席主题设计将内涵清晰准确地表达出来；三是完成阶段，对茶席文案结构内容完善并加以润色，体现文字之美。茶席设计文案主要包含以下几个部分：

(1)茶艺表演的名称;

(2)开场问候语及对茶艺表演名称的表述;

(3)茶席设计的用意;

(4)茶艺表演的主题;

(5)茶品的由来和特色;

(6)茶品的冲泡过程与方法;

(7)奉茶语。

## 二、茶席设计文案撰写指引

### 1. 茶艺表演的名称

一般可将茶艺表演的名称书写在中间位置,字号可稍大,或用另一种字体书写,以便醒目。

### 2. 主题阐述

在主题阐述的正文部分,可用言简意赅的文字将茶席设计的主题思想表达清楚。主题阐述务必鲜明,具有概括性和准确性。

### 3. 结构说明

这部分须将所设计的茶席由哪些器物组成、怎样摆置器物、欲呈现怎样的效果等说明清楚。

#### 4. 结构中各因素的用意

将结构中各器物选择、制作的用意表达清楚。不要求面面俱到，对具有特别用意之物可作特别说明。

#### 5. 结构图示

以线条画勾勒出铺垫上各器物的摆放位置。如条件允许，可画透视图，也可使用实景照片。

#### 6. 动态演示程序介绍

清楚说明将用什么茶，为什么用这种茶，产自哪里，茶的典故、故事以及它的基本特色，冲泡过程各阶段（部分）的称谓、内容、用意，其中称谓要反映出一定的文化内涵。

#### 7. 奉茶礼仪语

奉茶给客人时所使用的致敬语。要写出对宾客的真诚敬意和美好祝愿。

#### 8. 结束语

结束语意味着全套茶艺表演结束。最后是全文总结性的文字，内容可包含个人的愿望，如“×××茶艺表演到此结束，谢谢大家。”

#### 9. 作者署名

在正文结束后的尾行右下部，署上设计者的姓名及文案日期。

#### 10. 统计文案字数

将全文的字数（图以所占篇幅换算为文字字数）进行统计，然后记录在尾页尾行左下方处。茶席设计文案字数（含图所占篇幅），一般控制在 1 000～1 200字。字数可显示，也可不显示，根据要求决定。

### 任务考核

**☑基础知识考核**

1. 茶席设计文案的撰写包括哪些内容？
2. 茶席设计文案在撰写时有几个阶段？

## ☑操作技能考核

撰写自创茶艺演示文案一份，题材不限。

| 作者姓名 | | 作品名称 | |
|---|---|---|---|
| 文本(字数要求不少于600字，按提纲逐项说明) | 1. 主题思想<br>2. 创作思路<br>3. 茶叶品名<br>4. 背景与茶席<br>5. 茶艺音乐<br>6. 演示流程<br>7. 创新点 | | |
| 解说词<br>(字数不限) | | | |
| 备注 | 可附上作品的背景与茶席照片（正面图、侧面图、局部特写，3张以上，每张2MB以上）、背景和音乐等电子版材料 | | |

知识链接

### 获奖作品(银奖)——《腾飞》

1. 茶艺表演主题：腾飞。

2. 主题内涵：天涵之，地载之，人育之，国泰民安。腾飞起航，天高云淡，慰藉比邻天涯的浮躁。万米高空，炯娜俊美，茶香缭绕，礼仪文化，千载传承，茗茶四海，有朋自远方来。茶器在空姐手间流转，茶汤在杯中祥，拈起的是温馨的芬芳，沁脾悠然，一席一天地，惟觉两肢习习清风。云舒云卷，俯窗鸟瞰青山绿水、阡陌交通，品一口香茶，滤去浮躁，才知天地间至清、至忍、至醇、至真、至善的韵味。飞机在空中翱翔，似茶烟自由升腾，刹那间红尘中所有的喧嚣，已在身外，这一刻，自己融入仙境中，在天地之间，在红尘之外。虽然大家在一杯茶中相聚，又要在一杯茶中相离，天南地北，生活不止眼前的苟且，还有茶和远方。

3. 设计理念：为忙碌的旅人提供新式的茶艺服务。

4. 茶品选择：站式泡茶，多人表演。以崂山绿茶为介，以晶莹剔透的玻璃杯为泡茶器具，展示绿茶优美的舞姿，为旅人带来赏心悦目的美感，消除疲劳。

5. 茶席创作：主色调为现代商务风，以灰色和蓝色茶席搭配，配以飞机模型为装饰物，突显高端现代；使用的器具为透明玻璃杯，显得纯净清新；服装为航空专业制服。

6. 演示流程：飞机应急出口介绍、安全带佩带演示、氧气面罩使用演示、茶艺服务表演、奉茶。

7. 茶艺音乐：《永不止步》。

知识链接

《不染》

1. 主题思想：岁月匆匆，在流淌的时光里，一杯清茶、一本书，是心灵归属的地方。一个人，倘若爱书、读书，读到如痴的程度，便会摒弃尘俗之思，杜绝物欲之念，唯有书与茶的清幽之味。通过读书才能真正感受到心中的富有，进入一种无我之境，通过品茶，感悟茶叶无私奉献的可贵精神，因此读书与品茶，两者相得益彰，使人的品格得以提升与修炼。

2. 创作思路：读书使人明智，品茶可以清心。茶是人的伴读之选。书卷在手，清茶在杯，暗香浮动，如江南的水莲荡起层层涟漪，一圈圈地弥漫…… 老枞水仙，醇厚的滋味，耐人品味。聆听古琴曲《不染》，让身心得以放松，更好地融入情景，一切尘嚣悄然远遁，令人进入心境澄澈、物我两忘的精神空间。

3. 茶叶品名：主泡茶叶——武夷岩茶（老枞水仙）。

4. 背景与茶席：选择亚麻色桌布，桌布上斜铺字画并延展至地面，茶席左上置笔架和古籍书本。

5. 茶艺音乐：古琴《不染》。

6. 演示流程：略。

7. 创新点：源于南宋理学家朱熹教书育人的经历。朱熹同门人弟子弹琴唱歌、品茶谈天、饮酒赋诗，并于儒家经典中精心节选出“四书”，使儒家文化得到更好的传承，为后人留下宝贵的精神财富。本茶艺表演将书与茶结合，展示这一方茶席。

知识链接

## 茶艺表演的音乐

茶艺表演过程重视用音乐来营造艺境，这是因为音乐特别是我国古典名曲重情味、重生命享受。而中国茶道要求在茶艺表演过程中播放音乐，是为了促进人的自然精神再发现、人文精神再创造。

在茶艺表演中，选择背景音乐应遵循一定的原则：

一、根据周围环境

茶艺表演的周围环境包括室外环境和室内环境。若在室外，还应该考虑是在空旷的地方还是在人多的地方，亦或是在自然的山水之中，周围有没有高山、流水、鸟鸣声、古朴的建筑物等；若在室内，则应该考虑是在具有现当代气息的室内环境中还是在具有古典气息的室内环境中。

二、根据表演形式

对于单纯的茶艺表演，在背景音乐选择上只需要考虑周围环境、茶艺表演的类型等即可；如果在茶艺表演的同时穿插有书法表演、绘画表演、舞蹈表演或是话剧表演，则还应该考虑背景音乐与书法、绘画、画、舞蹈、话剧是否相适应。

三、根据民族习俗

民俗茶艺表演各具特色，如客家擂茶、广西六堡茶、藏族酥油茶、蒙古族咸奶茶、苗族打油茶、白族三道茶、傣族竹筒茶、佤族烤茶等。为了保证和谐统一同时体现民族特色，可选择代表民族特色的乐器演奏的具有民族特色风情的音乐作为背景音乐。

四、根据不同茶类

由于不同茶类的冲泡方式各具特色，在茶艺表演时，应该结合不同茶叶的茶性以及冲泡方式选择合适的背景音乐。

在绿茶茶艺表演中，选择的背景音乐应该能体现一种明快、素雅之感，其节奏也应该快慢分明。古筝曲、笛子曲能较好地彰显绿茶茶艺表演的特点。如《姑苏行》《高山流水》《平湖秋月》《秋湖月夜》《出水莲》《风摆翠竹》等。

在红茶茶艺表演中，可选择《出红莲》《梅花三弄》等作为背景音乐。

乌龙茶茶艺表演，综合考虑表演性质、表演动作、文化底蕴等，《春江花夜月》较为合适。

在花茶茶艺表演中，可以选择古筝曲《茉莉芬芳》作为背景音乐。

（资料来源：http://www.360doc.com/content/15/1102/11/26447790_510157935.shtml）

# 项目五

# 茶会活动策划

中国是茶的故乡，有着悠久的茶历史，又有着严格的敬茶礼仪。早在唐代茶宴已很流行，宾主在以茶代酒、文明高雅的社交活动中，品茗赏景，各抒胸襟。在唐宋年间，人们对饮茶的环境、礼节、操作方式等饮茶仪程很讲究，有了一些约定俗成的规矩和仪式，茶宴已有宫廷茶宴、寺院茶宴和文人茶宴之分。

## 任务一　组织茶会

### 任务描述

本次学习任务将通过了解茶宴、茶会的特点和内容，策划和组织不同的茶会场景，掌握茶会活动中的礼仪和事项，并熟练运用到工作生活中去。

### 任务目标

**知识目标：**了解茶会活动的目的、内涵、特点以及形式。

**能力目标：**具备策划茶会的组织能力、创新能力以及人际交往能力。

**素质目标：**增进人与人之间的情感交流，传承茶道精神和茶文化。

## 任务准备

发型服饰端庄得体，仪态大方，表情自然，有一定的礼仪知识和茶艺服务知识，以及根据不同主题内容准备的茶会相关物品。

## 任务实施

### 一、茶会由来

中国是茶的故乡，以茶待客的礼仪由来已久。东道主与客人相对而坐，以茶相待，得以畅聊，这就是最初的“茶会”形式。在唐朝，以茶为会的风气已经初见雏形，唐朝的文人雅士之间不仅仅以茶相赠，而且还兴起一种以茶为媒的聚会，当时称之为“茶集”“茶宴”。到了宋代，由文人骚客之间的交流和品饮的聚会变成以茶为主、以研习茶道为主要目的的聚会形式。明清时期，茶的宴会由流行于上层社会和文人雅士之间，逐渐扩散至寺庙茶会，而后向民间传播，各个行业间的茶会也逐渐兴起，并形成一种流行趋势。

茶会逐渐平民化，随着时代的变化和社会的发展，茶会逐渐演变成我们现在的茶会形式，成为茶友们和茶从业者之间的一种交流和分享途径，也是增进情谊、品析茶品、交流心得的一种聚会形式。

在国际茶文化交流中，以茶为媒，成为各国文化交流的重要纽带，推动文明交流互建。

### 二、茶会种类

茶会的种类是按茶会的目的而划分的，通常可以分为节日茶会、纪念茶会、喜庆茶会、研讨茶会、品茶茶会、联谊茶会、交流茶会、艺术茶会等。

宋徽宗赵佶《文会图》

| | |
|---|---|
| 节日茶会 | 一种主题是为庆祝国家法定节日而举办的各种茶会，如国庆茶会、迎春茶会等，另一种主题是中国传统节日的茶会，如中秋茶会、重阳茶会 |
| 纪念茶会 | 为纪念某项有意义的事件而举办的茶会，如成立纪念日，从艺、从教纪念日等 |
| 喜庆茶会 | 为庆祝某项事件而举办的茶会，如结婚时的喜庆茶会等 |
| 研讨茶会 | 为某项学术研讨交流而举办的茶会，如弘扬传统国学文化、茶与健康研讨会等 |
| 品茶茶会 | 为品茶而举办的茶会，如新春品茗会、××茶品茶会等。也可以是组织特定人群的品茶会，如敬老品茶会、青年茶会品茗会等 |
| 联谊茶会 | 为广交朋友或者同学聚会而举办的茶会 |
| 交流茶会 | 为切磋茶艺和推动茶文化发展等以进行经验交流而举办的茶会，如中日韩茶文化交流茶会、国际茶文化交流会等 |
| 艺术茶会 | 为某项相关艺术共赏而举办的茶会，如吟诗茶会、书法茶会、插花茶会等 |

## 三、茶会设计

根据茶会的种类和主办方的需求策划安排茶会，确定茶会的主题、规模性质，参加的对象，时间和地点，经费预算。

**1. 确定主题**

向参会对象说明召开茶会的主题内容及茶会的程序，让每位来宾做到心里有数、预先准备。

**2. 确定茶会的规模**

确定参会人数，一般小型茶会人数在6人以内，中型茶会为7～30人，大型茶会在30人以上。

**3. 确定茶会的性质**

确定茶会是单纯的茶会、结合用餐的茶宴，还是配属的茶会（在学术活动中的一项活动）。

**4. 确定参加的对象**

确定参会对象，为掌握人数，可先发预备通知并附回执，根据回执情况确定人数。若人数不足，可电话通知一些就近人员参加。

**5. 确定时间和地点**

根据主题内容和程序预订茶会日期和具体时间；根据以上几项内容确定的结果，具体落实茶会地点，茶会地点可以选择在室外、室内、庭院、公园、游船或郊外等。

**6. 确定经费的预算**

确定经费是保证茶会进行的重要的一项内容。有预算，主办方才能考虑举办茶会。另外，如果茶会需要收取费用，也应提前告知。

以上各方面需要主办方在组织茶会时做到心中有数。团队成员可按职责分组，如联络组、生活组、茶艺组，合理分工落实各项任务，统筹协调各方开展活动。

## 任务考核

**☑基础知识考核**

1. 什么是茶会?
2. 茶会的种类有哪些?

**☑操作技能考核**

根据所学知识,选择茶会的种类以及需求,策划安排一次茶会,设计一份茶会策划书。

# 任务二　茶会准备和开展

## 任务描述

想要成功地组织一次茶会活动,方方面面都要考虑得当和全面,因此通过完成本次学习任务,掌握茶会具体的安排和准备工作,并熟练运用到实际的工作生活中去。

## 任务目标

**知识目标:**了解和掌握茶会准备工作步骤。

**能力目标:**具备筹备、组织和开展茶会的能力,提高在茶会活动中统筹兼顾的能力。

**素质目标:**增进人与人之间的沟通交流,传承茶道精神和茶文化。

## 任务准备

根据不同主题内容进行茶会的具体布置和相关物品准备,以及人员配备分工。

## 任务实施

当确定茶会地点之后，需要布置会场、事先培训人员、提前准备资料。

### 一、茶会准备

首先要明确茶会的主题，其次要明确茶会活动的具体流程。因此在前期准备工作过程中，具体细节需要考虑以下几点。

**1. 横幅设计**

悬挂在会场上横幅，须点出茶会主题的重要内容，故要精心设计。

**2. 场地布置**

场地布置分成坐席布置和时令装饰。坐席根据茶会形式分成流水席、固定席、人人泡茶席。对于时令装饰，用时令花卉、盆景、挂画等布置会场，营造茶会氛围。

**3. 用具物品准备**

可根据邀请人数准备茶杯、茶叶、热水瓶和茶点等。此外，可根据参加茶会的性质准备桌椅或者各种茶道器具，如屏风、坐垫、道具等。

**4. 告示及程序册**

为使与会者明确茶会的程序安排，应设计茶会程序册，现代茶会常用电子程序册。如果在茶会不分发程序册，那么在会场入口处需张贴茶会程序告示。

**5. 指引牌**

在适当的位置设置指引牌，使到会者方便地找到会场。

**6. 会议资料**

可预先根据统一提供的资料，统一印刷并分发与会者。资料可包括各参加茶会的人员信息、简介、日程安排、公告以及其他相关宣传资料等。

**7. 人员培训**

举办大型茶会需要很多工作人员或志愿者，在茶会前应召开协调沟通会议，对各岗位人员进行培训，明确分工，以保证茶会有条不紊地进行。

## 二、无我茶会

无我茶会是一种茶会形式，其特点是参加者都自带茶叶、茶具，人人泡茶，人人敬茶，人人品茶，一味同心。在茶会中以茶对传言，广为联谊，忘却自我。

**1. 无我茶会的精神**

第一，无尊卑之心。

第二，无报偿之心。

第三，无好恶之心。

第四，无流派之分。

第五，求精进之心。

第六，遵守公共约定。

第七，培养团体默契。

**2. 无我茶会的注意事项**

第一，茶会场地禁止自带炉具煮水，需提前备好热水瓶。

第二，在茶会进行之前的茶具观摩与联谊时段，可以走动、交谈、拍照留念。

第三，开始泡茶后需禁言。

第四，当大会结束时，须妥善处理废弃物，以保持场地整洁。

**3. 奉茶方法及茶会程序**

(1)主持人宣布开始泡茶后，各位席主统一开始冲泡。

(2)第一泡：将泡好的茶分于四只茶杯中，给自己留一杯放在右下边，然后起身端起奉茶盘，将茶奉给自己左侧的三位席主。

注意：奉茶时要先行礼再奉茶，奉完茶后再次行礼。如果对方也去奉茶了，只需将茶杯放在对方席上就可以了。待三杯茶奉毕，回席自行品饮。品后冲第二泡茶。

(3)第二泡：冲泡后将茶汤分别斟在四个一次性纸杯中，用茶盘奉给身后的围观茶友，回席冲泡第三泡。

(4)第三泡：将茶汤倒入公道杯中，用公道杯将茶分别奉入左边三位席主的茶杯中，回席给自己斟茶，品饮后冲泡完毕。

(5)音乐欣赏：三泡结束在自己位置品饮后，保持良好姿态，专心欣赏音乐，等待其他席主结束冲泡，音乐演奏结束后以掌声表示感谢。起身至左边三席收回自己的杯子。

(6)主持人宣布观众可入场品饮，围观茶友可自由择席而座，品茗交流。

(7)当主持人宣布结束收具时，向宾客谢茶，然后收具、收垃圾。

(8)合影留念。

无我茶会是一种大家参与的茶会。座位是根据抽签决定的，不设贵宾席、观礼席，但可以有围观的朋友；席地而坐，不但简便，亦没有桌椅的阻隔，缩短了人与人之间的距离，更为坦然亲切。每人奉茶给左边(或右边)的茶侣，但喝到的茶却来自右边(或左边)，自己要奉茶给谁喝，或接受谁的茶，事先均不知道，也无法从自己所奉茶的人那里获得回馈，这就是无所为的奉茶法，目的在于培养人们应“放淡报偿之心”。每人自行携带茶叶，种类不拘，每一个人所喝到的茶可能都不一样，如此就可以品茗、欣赏到不同的茶，而无好恶之分，希望大家以一种超然的心情品尝每人带来的茶叶。茶具和泡茶方式皆不受拘束，以简便为原则，去除多余的形式规范，才有足够的心情与时间享受茶会的意境。每泡一杯茶，自己都要品一杯，可以检讨自己泡得如何，以保持精进之心；如遇到泡坏了的茶，只好以宽容的心接纳。按照会前所发布的公告事项行事，在茶会进行期间没有指挥与司仪，大家依事先排定的程序进行；席间不语，奉茶时不要说“请喝茶”，被奉茶者也不需说“谢谢”，但鞠躬致意、感谢之心依然需要，如此不但表现出茶道中的空寂境界，且在禁声中培养泡茶的团体默契，表现出自然协调之美。

## 任务考核

### ☑基础知识考核

1.无我茶会的精神是什么？

2.在准备茶会工作时，应注意哪些事项？

### ☑操作技能考核

| 考核项目 | 考核内容 | 考核标准(10 分) |
| --- | --- | --- |
| 根据不同主题或其他节日策划一次茶会活动（如国际饮茶日、国际茶文化交流会等） | 能设计茶会组织的主题、内容、相关程序，有条不紊地开展一次茶会 | (1)主题不明显，扣 1 分；<br>(2)内容不新颖，无创意，扣 2 分；<br>(3)程序不清晰，较为混乱，扣 3 分；<br>(4)准备事项不充分，扣 2 分；<br>(5)其他因素，扣 2 分 |

知识链接

### 无我茶会

无我茶会是一种茶会形式，其特点是参加者都自带茶叶、茶具，人人泡茶，人人敬茶，人人品茶，一味同心。

一、准备工作内容

(1)宣传工作。

(2)席主招募(10～100 席，视报名及场地情况而定，席主需自带茶具、茶席、水、茶叶)，在茶会前一天必须确认可到场的席主，以便确定席位数后布置场地。

(3)户外无我茶会地址确定，要与场地管理部门确定可以正常使用。

(要求：自然环境优美且空旷的户外，交通便利且人流量较大，便于宣传推广，有可供席地设茶席的条件)

(4)照相、摄像、音响设备及人员确定(现场专人负责照相及摄像,准备好主持人的话筒以及茶会进行时播放的音乐)。

(5)茶会规则制订,印制宣传海报及号码签。

二、无我茶会会场布置

根据实际席位数及场地面积来安排,如人数过多,也可将席位设置成两层、三层或若干层。

席位设置实例(见下图):每个席位间至少空隔1米间距,所有席位要围成圆形。若人多,可设置多层席位。

三、各席主需自备的泡茶用具

①茶席布1块;②主泡具(茶壶或盖碗)1个;③公道杯1个;④品茗杯4个(自己1个,客用3个),一次性杯若干;⑤水盂1个;⑥茶叶罐1个(装好所泡茶叶);⑦茶巾1条;⑧奉茶盘1个;⑨保暖水壶1个,装满开水(至少够出4~5次茶汤);⑩坐垫1个,提袋或背包1个,垃圾袋一个;⑪自行设计的茶席摆放花器、茶宠等其他茶席装饰品。

四、实施阶段

(1)确定茶会具体时间安排。

(2)工作人员提前到场布置。按确定的席位数粘席位号码地贴；设立无我茶会规则牌；拉条幅；在入口设置签到及抽签处并确定负责专人，同时确定负责现场发放茶知识手册专人；确认音响正常使用；主持人到位；摄照像人员到位；场地清洁无杂物。

(3)正式签到。所有的席主入场前需抽取席位号码，然后入场在号码对应的席位上开始布席。如有临时无法到场的席主，现场需调整席位间距，确保所有席位围成圆圈。

(4)当茶席均布置完毕后，主持人宣布茶会即将开始，清场，群众需暂时在场外围观，不得入场内。

(5)茶会正式开始。席主排队入席，场中古琴演奏静心曲，主持人读开场词后宣布开始，背景音乐响起，所有席主开始泡茶。

(6)待所有席主三泡茶结束后，主持人宣布场外群众可入场共饮，无我茶会仪式结束。

(7)所有席主收席并收拾场内垃圾，最后合影留念。

在茶会结束后，要对废水、茶渣以及茶会产生的垃圾进行必要的分类，并听从工作人员的安排。能利用的，尽量回收并再利用；不能利用的，将其倾倒于指定的位置。一切收纳工作要有条不紊。要珍惜资源、爱护环境，方不负这席有滋有味、优雅养心的茶会。

知识链接

### 茶会雅集

雅集，源自于古代，专指文人雅士吟咏诗文、议论学问的集会。清代张潮在《幽梦影》中写道："人莫乐于闲，非无所事事之谓也。闲则能抚琴，闲则能游名山，闲则能交益友，闲则能饮茶，闲则能著书，天下之乐，莫大于是。"

古代文人墨客们一有空闲，就会约三五知己，到绿郊山野，松风竹月，烹泉煮茗，吟诗作对。这种以文会友的聚会在古代称之为“雅集”。

通过焚香、挂画、瓶供、吟咏诗文、抚琴、礼茶等形式陶冶情操的小型聚会，内容和形式有点类似于现代的沙龙。既然是雅集，必须有雅人，有雅事，还要有雅兴。雅集上，文人墨客吟风弄月，诗文相合，琴、棋、书、画、茶、酒、香、花也来凑凑热闹，敲敲边鼓。那些历史上著名的雅集，随便翻开一页，都流光溢彩，令人神往。

梁苑之游

邺下之游

（资料来源：HTTPS://WWW.SOHU.COM/A/278479890_207947）

现如今，茶会雅集逐步兴起。茶会雅集是茶友们聚集的盛会，在茶会上可以与更多的茶友共同品茶、交流喝茶的感受。现代茶会雅集结合传统文化天人合一的理念，既带有传统品茶、焚香、书画、抚琴等仪式感，又融汇当代审美意趣，在喧嚣的世界中给人心灵一份宁静，体现了现代人更乐观的生活态度。茶会雅集也出现在国际文化交流中，以茶为媒展示中华文化“茶和天下”主题活动在多国举办，让国际友人领略独特的中国茶文化魅力。

## 学习讨论

从古到今，在各类茶会活动中，你还了解哪些有趣的茶会活动，可以与同学分享一下。

## 学习总结

根据本次任务活动内容，你学会了茶会策划活动的内容和程序，提高了创新能力，你最大的收获是什么？

# 附录

# 全国职业技能大赛茶艺项目评分表

## 一、基本知识与能力要求

| 相关要求 | | 权重比例/(%) |
|---|---|---|
| 1 | 茶艺准备 | 20 |
| 基本知识 | —茶叶品质鉴别<br>—瓷器茶具的特点<br>—陶器茶具的特点<br>—玻璃茶具的特点<br>—礼仪接待相关知识<br>—温杯、置茶、冲泡、沥汤、奉茶等动作要领基本知识 | |

续表

| | 相关要求 | 权重比例/(%) |
| --- | --- | --- |
| 工作能力 | —能区分绿茶、红茶、乌龙茶、黄茶、白茶、黑茶<br>—能鉴别茶样的优点和缺点<br>—能识别常用瓷器茶具的品质<br>—能识别常用陶器茶具的品质<br>—能识别常用玻璃茶具的品质<br>—能识别自来水、纯净水、矿泉水等常用泡茶用水<br>—能按照礼仪要求,接待不同的宾客<br>—能演示温杯、置茶、冲泡、沥汤、奉茶等泡茶基本技能 | 20 |
| 2 | 茶席设计 | 15 |
| 基本知识 | —茶席基本原理知识<br>—茶席设计类型知识<br>—茶席设计技巧知识<br>—少数民族茶俗与茶席设计知识<br>—茶席其他器物选配基本知识<br>—自创茶艺背景设计相关知识 | |
| 工作能力 | —能根据不同题材,设计不同主题的茶席<br>—能根据不同的茶品、茶具组合、铺垫物品等进行茶席设计<br>—能根据少数民族茶俗设计不同的茶席<br>—能根据茶席设计主题进行茶器搭配<br>—能根据茶席设计主题配置相关的其他器物<br>—能根据茶艺主题设计制作背景 | |

续表

| 相关要求 | | 权重比例/(%) |
|---|---|---|
| 3 | 茶艺创作与演示 | 20 |
| 基本知识 | —茶艺演示台和空间布置以及茶艺插花、薰香、挂画等基本知识<br>—茶艺演示与服饰相关知识<br>—茶艺演示与音乐相关知识<br>—茶席设计主题与茶艺演示运用知识<br>—各地风味茶饮和少数民族茶俗基本知识<br>—茶事艺文相关知识<br>—茶艺编创原理 | |
| 工作能力 | —能按照不同茶艺演示要求布置演示台和空间，并选择和配置适当的插花、薰香、茶挂<br>—能根据茶艺演示的主题选择相应的服饰<br>—能根据茶艺演示的主题选择合适的音乐<br>—能根据茶艺主题确定演示内容和流程<br>—能根据茶事领会茶文化的精神<br>—能根据茶艺编创原理编创茶艺 | |
| 4 | 水温、茶水比、浸泡时间等参数设计与调控 | 30 |
| 基本知识 | —瓷器茶具分类与特点<br>—陶器茶具分类与特点<br>—不同泡茶用水的特点<br>—水浸出物浸出的相关知识<br>—不同茶类的冲泡水温、茶水比、浸泡时间等参数设计相关知识 | |

续表

| | 相关要求 | 权重比例/(%) |
|---|---|---|
| 工作能力 | —能用不同的瓷器茶具与茶搭配<br>—能用不同的陶器茶具与茶搭配<br>—能为茶样选择合适的泡茶用水<br>—能根据水浸出物浸出规律设计规定茶艺所泡茶样的冲泡参数<br>—能根据水浸出物浸出规律设计茶汤质量比拼所泡茶样的冲泡参数<br>—能根据水浸出物浸出规律设计自创茶艺所选茶品的冲泡参数 | 30 |
| 5 | 茶艺文本与解说 | 15 |
| 基本知识 | —茶叶的传说、典故<br>—茶叶感观审评基本知识及专业术语<br>—陶器茶具的选购知识<br>—瓷器茶具的选购知识<br>—茶具的特点及养护知识<br>—茶文化内涵相关知识 | |
| 工作能力 | —能够根据宾客需求介绍有关茶叶的文化背景<br>—能向宾客正确、通俗地介绍茶叶的色、香、味、形等性状<br>—能向宾客介绍选购茶具的技巧<br>—能撰写自创茶艺文本与解说词<br>—能在自创茶艺演示时现场解说<br>—能在茶汤质量比拼时说茶 | |
| 合计 | | 100 |

## 二、规定茶艺演示赛项评分标准与评分细则

| 序号 | 项目 | 分值分配 | 要求和评分标准 | 扣分细则 | 扣分 | 得分 |
| --- | --- | --- | --- | --- | --- | --- |
| 1 | 茶样品质鉴别10分 | 10 | 能正确判断茶样的外形、汤色、香气、滋味、叶底的品质特征 | (1)正确描述茶样的品质特征5项(含)以上,不扣分;<br>(2)正确描述茶样的品质特征4项,扣1分;<br>(3)正确描述茶样的品质特征3项,扣2分;<br>(4)正确描述茶样的品质特征2项,扣3分;<br>(5)正确描述茶样的品质特征1项,扣4分;<br>(6)正确描述茶样的品质特征0项,扣5分;<br>(7)其他因素扣分 | | |
| 2 | 礼仪仪表仪容10分 | 3 | 发型、服饰端庄自然 | (1)发型、服饰尚端庄自然,扣0.5分;<br>(2)发型、服饰欠端庄自然,扣1分;<br>(3)其他因素扣分 | | |

| 序号 | 项目 | 分值分配 | 要求和评分标准 | 扣分细则 | 扣分 | 得分 |
|---|---|---|---|---|---|---|
| 2 | 礼仪仪表仪容7分 | 3 | 形象自然、得体、优雅，表情自然，具有亲和力 | (1)表情木讷，眼神无恰当交流，扣0.5分；<br>(2)神情恍惚，表情紧张不自如，扣1分；<br>(3)妆容不当，扣1分；<br>(4)其他因素扣分 | | |
| | | 4 | 动作、手势、站立姿、坐姿、行姿端正得体 | (1)坐姿、站姿、行姿尚端正，扣1分；<br>(2)坐姿、站姿、行姿欠端正，扣2分；<br>(3)手势中有明显多余动作，扣1分；<br>(4)其他因素扣分 | | |
| 3 | 茶席布置5分 | 3 | 器具选配功能、质地、形状、色彩与茶类协调 | (1)茶具色彩欠协调，扣0.5分；<br>(2)茶具配套不齐全，或有多余，扣1分；<br>(3)茶具之间质地、形状不协调，扣1分；<br>(4)其他因素扣分 | | |
| | | 2 | 器具布置与排列有序、合理 | (1)茶具、席面欠协调，扣0.5分；<br>(2)茶具、席面布置不协调，扣1分；<br>(3)其他因素扣分 | | |

| 序号 | 项目 | 分值分配 | 要求和评分标准 | 扣分细则 | 扣分 | 得分 |
|---|---|---|---|---|---|---|
| 4 | 茶艺演示35分 | 10 | 水温、茶水比、浸泡时间设计合理,并调控得当 | (1)不能正确选择所需茶叶,扣5分;<br>(2)冲泡程序不符合茶性,洗茶,扣3分;<br>(3)选择水温与茶叶不相适宜,过高或过低,扣1分;<br>(4)水量过多或太少,扣1分;<br>(5)其他因素扣分 | | |
| | | 15 | 操作动作适度、顺畅、优美,过程完整,形神兼备 | (1)操作过程完整顺畅,稍欠艺术感,扣1分;<br>(2)操作过程完整,但动作紧张僵硬,扣2分;<br>(3)操作基本完成,有中断或出错二次及以下,扣2分;<br>(4)未能连续完成,有中断或出错三次及以上,扣3分;<br>(5)其他因素扣分 | | |
| | | 5 | 泡茶、奉茶姿势优美端庄,言辞恰当 | (1)奉茶姿态不端正,扣0.5分;<br>(2)奉茶次序混乱,扣0.5分;<br>(3)不行礼,扣0.5分;<br>(4)其他因素扣分 | | |

| 序号 | 项目 | 分值分配 | 要求和评分标准 | 扣分细则 | 扣分 | 得分 |
|---|---|---|---|---|---|---|
| 4 | 茶艺演示5分 | 5 | 布具有序合理，收具有序 | (1)布具、收具欠有序，扣0.5分；<br>(2)布具、收具顺序混乱，扣1分；<br>(3)茶具摆放欠合理，扣0.5分；<br>(4)茶具摆放不合理，扣1分；<br>(5)其他因素扣分 | | |
| 5 | 茶汤质量35分 | 25 | 茶的色、香、味等特性表达充分 | (1)未能表达出茶色、香、味其一者，扣5分；<br>(2)未能表达出茶色、香、味其二者，扣8分；<br>(3)未能表达出茶色、香、味其三者，扣10分；<br>(4)其他因素扣分 | | |
| | | 5 | 所奉茶汤温度适宜 | (1)温度略感不适，扣1分；<br>(2)温度过高或过低，扣2分；<br>(3)其他因素扣分 | | |
| | | 5 | 所奉茶汤适量 | (1)过多(溢出茶杯杯沿)或偏少(低于茶杯二分之一)，扣1分；<br>(2)各杯不均，扣1分；<br>(3)其他因素扣分 | | |
| 6 | 时间5分 | 5 | 在6分钟～10分钟内完成茶艺演示 | (1)误差在3分钟(含)以内，扣1分；<br>(2)误差在3分钟～5分钟(含)，扣2分；<br>(3)误差超过5分钟，扣5分；<br>(4)其他因素扣分 | | |

续表

## 三、茶汤质量比拼赛项评分标准与评分细则

| 序号 | 项目 | 分值分配 | 要求和评分标准 | 扣分细则 | 扣分 | 得分 |
|---|---|---|---|---|---|---|
| 1 | 茶样品质鉴别10分 | 10 | 能正确判断茶样的外形、汤色、香气、滋味、叶底的品质特征 | (1)正确描述茶样的品质特征5项(含)以上,不扣分;<br>(2)正确描述茶样的品质特征4项,扣1分;<br>(3)正确描述茶样的品质特征3项,扣2分;<br>(4)正确描述茶样的品质特征2项,扣3分;<br>(5)正确描述茶样的品质特征1项,扣4分;<br>(6)正确描述茶样的品质特征0项,扣5分;<br>(7)其他因素扣分 | | |
| 2 | 茶汤质量60分 | 10 | 汤色明亮,深浅适度 | (1)过浅或过深,扣1分;<br>(2)混浊、欠清澈,或有茶渣,扣1分;<br>(3)暗沉、欠明亮,扣1分;<br>(4)三泡之间汤色差异过大,扣1分;<br>(5)其他因素扣分 | | |

续表

| 序号 | 项目 | 分值分配 | 要求和评分标准 | 扣分细则 | 扣分 | 得分 |
| --- | --- | --- | --- | --- | --- | --- |
| 2 | 茶汤质量50分 | 20 | 汤香持久，能表现所泡茶叶品质特征 | (1)香低不持久，扣1分；<br>(2)茶香不纯正、有异味，扣1分；<br>(3)茶品具备的香型特征不显，扣2分；<br>(4)沉闷不爽，扣2分；<br>(5)其他因素扣分 | | |
| | | 20 | 滋味浓淡适度，能突出所泡茶叶的品质特征 | (1)略浓或略淡，扣1分；<br>(2)过浓或过淡，扣2分；<br>(3)茶品本身具备的滋味特征表现不够，扣2分；<br>(4)三泡之间滋味差异大，均衡度或层次感差，扣2分；<br>(5)弃汤，扣1分；<br>(6)三泡混合，扣1分；<br>(7)其他因素扣分 | | |
| | | 7 | 所奉茶汤温度适宜 | (1)略高或略低，扣2分；<br>(2)过高或过低，扣3分；<br>(3)其他因素扣分 | | |
| | | 3 | 所奉茶汤适量 | (1)过多(溢出茶杯杯沿)或偏少(低于茶杯二分之一)，扣1分；<br>(2)各杯不均，扣1分；<br>(3)其他因素扣分 | | |

续表

| 序号 | 项目 | 分值分配 | 要求和评分标准 | 扣分细则 | 扣分 | 得分 |
|---|---|---|---|---|---|---|
| 3 | 礼仪仪容神态5分 | 5 | 仪容、神态自然端庄，站姿、坐姿、行姿大方 | (1)发型、服饰欠自然得体，妆容过浓，扣1分；<br>(2)动作、手势、姿态欠端正，扣1分；<br>(3)动作、手势、姿态不端正，扣2分；<br>(4)其他因素扣分 | | |
| 4 | 说茶10分 | 10 | 表达清晰，色香味描述准确，亲和力、感染力强 | (1)茶品色、香、味描述不准确，扣1分；<br>(2)亲和力不强，扣1分；<br>(3)茶品辨认错误，扣5分；<br>(4)其他因素扣分 | | |
| 5 | 冲泡过程10分 | 3 | 茶具准备有序，茶席布具有条理、合理 | (1)茶具准备不全，扣1分；<br>(2)茶席布具无序、不合理，扣1分；<br>(3)其他因素扣分 | | |
| | | 4 | 冲泡程序契合茶理，动作自然，冲泡过程完整、流畅 | (1)冲泡不符合茶性，洗茶，扣2分；<br>(2)未能连续完成，扣1分；<br>(3)冲泡姿势矫揉造作，不自然，扣0.5分；<br>(4)奉茶姿态不端正，扣0.5分；<br>(5)其他因素扣分 | | |
| | | 3 | 收具动作有条理，干净、简洁 | (1)顺序混乱，茶具摆放不合理，扣0.5分；<br>(2)动作仓促，出现失误，扣0.5分；<br>(3)其他因素扣分 | | |

续表

| 序号 | 项目 | 分值分配 | 要求和评分标准 | 扣分细则 | 扣分 | 得分 |
|---|---|---|---|---|---|---|
| 6 | 时间5分 | 5 | 在10分钟～15分钟内完成演示 | (1)误差在3分钟(含)内,扣1分;<br>(2)误差在3分钟～5分钟(含),扣2分;<br>(3)误差超过5分钟,扣5分;<br>(4)其他因素扣分 | | |

## 四、自创茶艺演示赛项评分标准与评分细则

| 序号 | 项目 | 分值分配 | 要求和评分标准 | 扣分标准 | 扣分 | 得分 |
|---|---|---|---|---|---|---|
| 1 | 创意25分 | 15 | 主题鲜明,立意新颖,有原创性;意境美好 | (1)有立意,意境不足,扣2分;<br>(2)有立意,欠文化内涵,扣4分;<br>(3)无原创性,立意欠新颖,扣6分;<br>(4)其他因素扣分 | | |
| | | 10 | 茶席与背景有创意 | (1)尚有创意,扣2分;<br>(2)有创意,欠合理,扣3分;<br>(3)布置、背景与主题不符,扣4分;<br>(4)背景喧宾夺主,扣6分;<br>(5)其他因素扣分 | | |

续表

| 序号 | 项目 | 分值分配 | 要求和评分标准 | 扣分标准 | 扣分 | 得分 |
| --- | --- | --- | --- | --- | --- | --- |
| 2 | 礼仪仪表仪容5分 | 5 | 发型、服饰与茶艺演示类型相协调，形象自然、得体、优雅，动作、手势、姿态端正大方 | (1)发型、服饰与主题协调，欠优雅得体，扣0.5分；<br>(2)发型、服饰与茶艺主题不协调，扣1分；<br>(3)动作、手势、姿态欠端正，扣0.5分；<br>(4)动作、手势、姿态不端正，扣1分；<br>(5)其他因素扣分 | | |
| 3 | 茶艺演示25分 | 5 | 根据主题配置音乐，具有较强艺术感染力 | (1)音乐情绪契合主题，长度欠准确，扣0.5分；<br>(2)音乐情绪与主题欠协调，扣1分；<br>(3)音乐情绪与主题不协调，扣1.5分；<br>(4)其他因素扣分 | | |
| | | 15 | 动作自然，手法连贯，冲泡程序合理，过程完整、流畅，形神俱备，符合美的规则 | (1)能基本顺利完成，表情欠自然，扣1分；<br>(2)未能基本顺利完成，中断或出错二次以下，扣3分；<br>(3)未能连续完成，中断或出错三次以上，扣5分；<br>(4)有明显的多余动作，扣3分；<br>(5)其他因素扣分 | | |

续表

| 序号 | 项目 | 分值分配 | 要求和评分标准 | 扣分标准 | 扣分 | 得分 |
|---|---|---|---|---|---|---|
| 3 | 茶艺演示5分 | 5 | 奉茶姿态、姿势自然，言辞得当 | (1)姿态欠自然端正，扣0.5分；<br>(2)次序、脚步混乱，扣0.5分；<br>(3)未行礼，扣1分；<br>(4)其他因素扣分 | | |
| 4 | 茶汤质量30分 | 20 | 茶汤色、香、味等特征表达充分 | (1)未能表达出茶色、香、味其一者，扣2分；<br>(2)未能表达出茶色、香、味其二者，扣3分；<br>(3)未能表达出茶色、香、味其三者，扣5分；<br>(4)其他因素扣分 | | |
| | | 5 | 所奉茶汤温度适宜 | (1)与适饮温度有相差，扣1分；<br>(2)过高或过低，扣2分；<br>(3)其他因素扣分 | | |
| | | 5 | 所奉茶汤适量 | (1)过多(溢出茶杯杯沿)或偏少(低于茶杯二分之一)，扣1分；<br>(2)分杯不均，扣1分；<br>(3)其他因素扣分 | | |

续表

| 序号 | 项目 | 分值分配 | 要求和评分标准 | 扣分标准 | 扣分 | 得分 |
|---|---|---|---|---|---|---|
| 5 | 文本及解说5分 | | 文本阐释有内涵，讲解准确，口齿清晰，能引导和启发观众对茶艺的理解，给人以美的享受 | (1)文本阐释无深意、无新意，扣0.5分；<br>(2)无文本，扣1分；<br>(3)讲解与演示过程不协调，扣0.5分；<br>(4)讲解欠艺术感染力，扣0.5分；<br>(5)解说不合时宜，扣1分；<br>(6)解说事先录制或部分录制，扣2分；<br>(7)其他因素扣分 | | |
| 6 | 时间5分 | 5 | 在8分钟～15分钟内完成茶艺演示 | (1)误差在3分钟以内，扣1分；<br>(2)误差在3分钟～5分钟，扣2分；<br>(3)误差超过规定时间5分钟，扣4分；<br>(4)茶席布置时间超过5分钟，扣1分；<br>(5)其他因素扣分 | | |
| 7 | 理论口试5分 | 5 | 现场正确回答茶知识单选题 | (1)答错1题，扣1分；<br>(2)答错2题，扣2分；<br>(3)答错3题，扣3分；<br>(4)答错4题，扣4分；<br>(5)答错5题，扣5分 | | |

## 五、茶席创作评分标准与评分细则

| 序号 | 项目 | 分值 | 要求 | 扣分标准 | 扣分 | 得分 |
|---|---|---|---|---|---|---|
| 1 | 主题和创意 | 25 | 立意新颖，具有原创性、艺术性 | (1)主题明确，有内涵和原创性，尚具艺术性，扣2分；<br>(2)主题较明确，有内涵，原创性或艺术性不明显，扣3分；<br>(3)主题欠明确，尚有内涵，缺乏原创性或艺术性，扣4分；<br>(4)主题平淡，缺乏内涵，无原创性和艺术性，扣6分；<br>(5)无主题，无原创性和艺术美感，扣8分；<br>(6)其他因素扣分 | | |
| 2 | 器具配置与布设 | 35 | 核心主体地位突出，美观兼具实用性 | (1)符合主题，配置尚巧妙，具实用性，扣2分；<br>(2)较符合主题，配置尚协调，实用性欠缺，扣6分；<br>(3)与主题相左，配置错误，实用性较差，扣11分；<br>(4)无摘要台卡，扣1分；<br>(5)其他因素扣分 | | |

续表

| 序号 | 项目 | 分值 | 要求 | 扣分标准 | 扣分 | 得分 |
|---|---|---|---|---|---|---|
| 3 | 色彩搭配 | 20 | 茶席配色美观、协调，有创意 | (1)较美观、协调，有整体感，尚有创意，扣3分；<br>(2)尚美观、基本协调，创意个性不明显，扣5分；<br>(3)不美观、不协调、不合理、无个性，扣8分；<br>(4)其他因素扣分 | | |
| 4 | 背景及其他 | 10 | 插花、挂画等艺术元素与主题吻合，整体感强 | (1)符合主题，整体感较强，搭配尚完美，扣2分；<br>(2)尚符合主题，整体感欠强，搭配欠完美，扣3分；<br>(3)游离主题，搭配错误，扣6分；<br>(4)其他因素扣分 | | |
| 5 | 文本 | 10 | 设计美观，主题阐述简洁 | (1)设计较美观，阐述有一定深度，文辞尚有美感，扣2分；<br>(2)设计一般，文辞表达一般，扣3分；<br>(3)设计欠美观，表达不恰当或错误，扣6分；<br>(4)其他因素扣分 | | |